Business Data Science with

Python 1

Pythonによる
ビジネス
データサイエンス

データ
サイエンス
入門

笹嶋宗彦［編］

朝倉書店

シリーズ監修者

加藤 直樹　(兵庫県立大学大学院情報科学研究科/社会情報科学部)

編集者

笹嶋 宗彦　(兵庫県立大学大学院情報科学研究科/社会情報科学部)

執筆者（五十音順）

石橋 健　(兵庫県立大学大学院情報科学研究科/社会情報科学部)

石原 健司　(ザイマックス不動産総合研究所)

大島 裕明　(兵庫県立大学大学院情報科学研究科/社会情報科学部)

加藤 直樹　(兵庫県立大学大学院情報科学研究科/社会情報科学部)

川井 康平　(ザイマックス不動産総合研究所)

川嶋 宏彰　(兵庫県立大学大学院情報科学研究科/社会情報科学部)

小林 篤司　(スシローグローバルホールディングス)

笹嶋 宗彦　(兵庫県立大学大学院情報科学研究科/社会情報科学部)

山本 岳洋　(兵庫県立大学大学院情報科学研究科/社会情報科学部)

湯本 高行　(兵庫県立大学大学院情報科学研究科/社会情報科学部)

ま　え　が　き

―本書のねらいと使いかた―

数理的思考やデータ分析・活用能力を持ち，社会におけるさまざまな問題の解決・新しい課題の発見およびデータから価値を生み出すことができる人材育成が強く求められている。2020 年に先端 IT 人材 (ビッグデータ，IoT，AI などを担う人材) が約 5 万人不足，一般 IT 人材が約 30 万人不足すると試算されている (平成 30 年 4 月 5 日「総合科学技術・イノベーション会議」資料)。また「未来投資戦略 2017」では，人材育成に関して，「数理・データサイエンス教育の重要性・必要性は分野を超えて高まっているが，理系の一部の学生しか学んでおらず，文系理系を問わず，学ぶ機会が乏しい。」を課題の 1 つとして挙げている。

兵庫県立大学では，2019 年から社会情報科学部を創設し，現場重視の実践的教育を重視するカリキュラムを作っている。アイデアは，データサイエンスを習得するために必要な情報技術，数学や統計学を身に付ける前に生きたデータを見る機会をできるだけ多く与えることが肝要であるという信念である。そのような考えのもとで，たとえばある製造業において，若者を対象としたアンケートを実施し，新しいサービスや製品を提案する場を与える教育を実施している。また，スーパーマーケットにおける特定の食品に注目して，対象食品の売り上げデータと店舗見学で得られた現場情報をもとに，売り場の売り上げを伸ばす戦略を提案するといった教育をすでに実施している。

生きたデータを現場に活かす能力は，一方向的な講義だけでは身に付かない。政府・自治体などが有する統計データを有効活用するほか，企業と連携協定を締結し，インターンシップやデータが入手しやすい体制を整え，多様な領域における具体的なデータを利用し，実践的な学びの機会を取り入れる。たとえば実際の企業活動から得られたデータを演習科目で利用することによって，業種ごとのデータの特徴とその獲得方法，および有効な処理方法を体感的に学ぶことが必要であろう。また，演習では，PBL (問題解決型学習) の形態を取り入れ，データから課題を抽出し，課題解決に向けた取組みを学びながら経験できるようにする。生きたデータを活用することで,「データ分析は予定通りにはいかない。」「期待していたデータ結果や課題解決への糸口が見えない。」「まったく予期しないデータ結果が出て思わぬ解決策が浮かんだ。」など，データから新しい価値を生み出す貴重なプロセスを経験することを意図している。

分担執筆

本書の構成と執筆担当は，次の通りである。「まえがき」では，加藤直樹が，文系理系を問わないデータサイエンス入門書である本書の執筆に至った背景を説明している,「1 章：データを見てみよう」では，笹嶋宗彦が，データサイエンスにおける実践力について述べている。「2 章：データを要約すると何が見えてくる？」では，山本岳洋が，データ分析の第一歩であるデータの要約について説明する。「3 章：関係性を調べる」はデータ同士の関係性の調べ方についてであり,「3.1 節：データの相対的な関係」を大島裕明が,「3.2 節：相関」を川嶋宏彰がそれぞれ説明する。4 章から 6 章は，様々な分析技術を組み合わせて，一般に公開されているオープンデータから，実際の社会における課題や疑問を解決する事例を紹介する。「4 章：より高度な分析 1：日本人の米離れは本当か？」では石橋健が，仮説検証の仕方や時系列分析を解説する。「5 章：より高度な分析 2：気温から売り上げを予測する」では，湯本高行が，回帰について説明する。「6 章：より高度な分析 3：食べ物の好みで都道府県を分類する」では，湯本高行が，クラスタリング技術を解説する。第 7 章は，実際の企業における応用事例の紹介である。「7.1 節：あなたの好みの寿司ネタは？」では小林篤司が，回転ずしチェーン店におけるデータ活用について述べ,「7.2 節：サテライトオフィスの立地戦略」では川井康平，石原健司が，不動産業におけるデータを用いた事業計画について説明する。また,「付録 A. 本書のプログラムを実行する環境の構築」では笹嶋宗彦が，Python の実行環境構築について説明する。

本書は，データサイエンスの初学者を読者として想定している。各章とも，前半部分にはなるべく数式を使わずに，データ分析に必要な概念を解説している。

実践的なデータサイエンスとそこで使われる技術について，概念的に理解をしたい場合には，各章の前半部分と，本書後半の，実用事例を読むことを勧める。また，数学の素養が十分である読者については，ぜひ，各章の後半部分まで読み進めて，データ分析で用いられる数理モデルについての理解と，実際のプログラムコード実行にチャレンジしてほしい。本書の各章で用いられたサンプルデータや，実行コードの全体については，本書サポートサイト (URL：https://github.com/asakura-data-science/introduction.git) を参照頂きたい。

2021 年 3 月

加藤直樹・笹嶋宗彦

目　　次

Chapter 1
データを見てみよう

本書は，高度な数学の知識を持つことを読者の前提とはしないが，実際の現場で活躍できるデータサイエンティストの育成を目的としている。

本章では，「実践的」すなわち，実際の問題をデータ分析の技術で解決する流れについて説明する。学びの場と実践の場の違いについて説明し，データサイエンティストを目指す人に意識してほしい考え方を説明したのち，実践の現場で最初に行われることが多い「データを見る」について述べる。

1.1　学びの場と実践の現場の違い

あなたが学校や社会人向けの講座でデータサイエンスを学び，卒業して就職したり，自身の職場で仕事に就いたりしたとしよう。あなたは，自身が担当する現場で，データサイエンティストとしての職務を果たすこととなる。

学びの場と現場の決定的な違いは，分析するべきデータを誰も用意してくれないことである。学びの場では，データを分析するための方法や分析ソフトウェアの使い方を学ぶために，データとその分析方法は教員から指示される。その指示に従って分析を行えば，学習課題は達成され，あなたはデータ分析の技術を習得する。

しかし実際の現場では，分析すべきデータも，分析の方法も与えられない。

　　「いや，我が社には大量のデータはある」

と反論されるかもしれないが，それはあくまでも

　　何らかの事情によってたまたま蓄積されたデータ

あるいは，

　　「何の役に立つかわからないが，データ保存用のストレージが安くなった

から，とにかく何でも残しておこう。」

のように，無目的で集められたデータであることが多い。つまり，あなたが解決したい課題，たとえば「お菓子部門の売り上げを伸ばす」ために集められたデータではないので，それを分析して課題を解決するには，分析の仕方や，分析に必要なデータであるかどうか，さらには足りないデータの収集も，データサイエンティストであるあなたがしなければならない。

現場で求められているのは，(1) 現場を理解しデータ分析の手法を適用できるように現場の課題を定式化する「課題発見力」，(2) 課題解決の達成度を測定するために必要なデータを収集し分析する「データ分析力」，(3) 分析の過程と分析の結果得られた改善策を現場に導入し，現場の継続的な改善を可能とする「社会実装力」，の 3 つの力である。

これらのうち，(2) のデータ分析力は他の 2 つの前提となる力であり，習得すべき内容も「プログラミング能力」「統計学の知識」と明確である。多くの「データサイエンス教育」のカリキュラムは，ここに軸足を置いているので，これをデータサイエンスだと捉える人も多いが，それは狭い捉え方である。

(1) の課題発見力は，現場での課題と課題の達成度合を目的変数と呼ばれる変数で表現し，必要に応じて，目的変数と関係のある説明変数を導入して，目的変数と説明変数の関係式，すなわち対象課題を表現するモデルを得る力である。

ここで (2) のデータ分析力が課題発見力の前提である理由は，分析の仕方を多く知っていればいるほど，より多くの角度から課題のモデル化が可能となり，実際の課題が解決できる可能性が高まるからである。いくら有用な説明変数を見つけたとしても，実際の現場ではその変数の値を得ることができない場合も多い。

たとえば，売上を伸ばすという課題を解決するために売上を目的変数とするモデルを構築し，そこに「競合店の月間売上高」という説明変数を組み込んだ場合を考える。競合店の売上データは通常，入手が非常に困難であり，モデルを利用して目的変数の値を得ることができなくなるため，課題である売上向上につながらなくなる。

(3) の社会実装力についても同様である。たとえば，上記の，売り上げを伸ばすという課題を与えられ，データを分析した結果，売り場の変更を現場に提案する場合を考える。どんな提案であっても，現場で働く人たちにとって売り場の変更は，日常業務の負荷が増えることに変わりはない。現場の人たちに，売場変更の提案が，その負荷があったとしても利益につながるということを伝えられなければ，現場の協力を得ることができなくなってしまう。現場の理解を得た上で提案を実行するためには，現場についての確かな知識とともに，データ分析力の両方が必要である。

データサイエンティストが備えるべき力には諸説あるが，データサイエンティスト協会が 2014 年 12 月 10 日に発表したもの *1) が本書の理想とする形に近い。図 1.1 のビジネス力が課題発見力，データサイエンス力がデータ分析力，データエンジニアリング力が社会実装力にそれぞれ対応する。

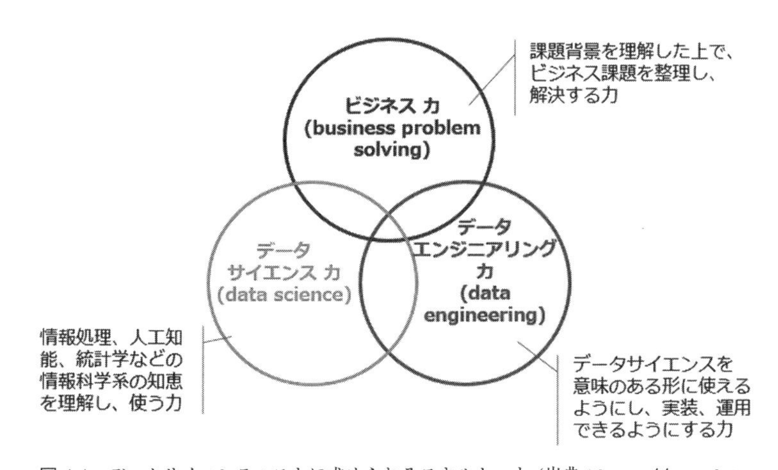

図 1.1 データサイエンティストに求められるスキルセット (出典：http://www.datascientist.or.jp/files/news/2014-12-10.pdf)

また，実践における課題解決の流れと，それぞれの段階で必要とされるスキルの関係は図 1.2 の通りである。上述の通り，データ分析力 (データサイエンス力) が前提となるスキルではあるが，他のスキルも備えていなければ，実際の現場では活躍できない。社会人でなければビジネス力やデータエンジニアリング力の習得は難しいとの意見もあるが，「きれいに」加工された学習用のデー

*1) https://prtimes.jp/main/html/rd/p/000000005.000007312.html

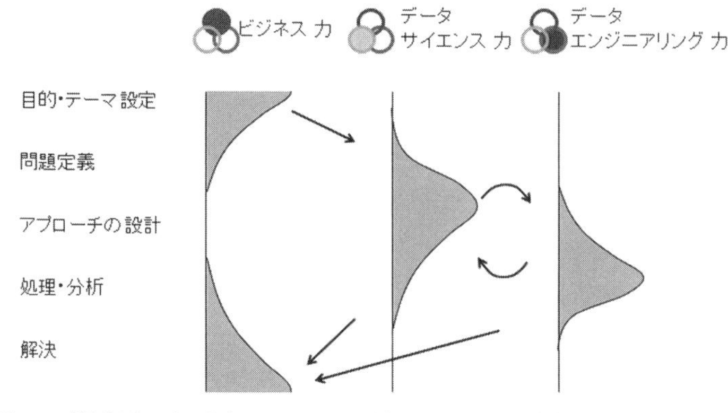

図 1.2　課題解決の流れと各ステップで必要とされるスキル (出典：http://www.datascientist.or.jp/files/news/2014-12-10.pdf)

タセットではないデータが現場では大半であり，それを手掛かりにして問題解決することがデータサイエンティストの使命であることを理解し覚悟しているのといないのとでは，同じ大学の講義であっても聴講する姿勢が変わってくる。プログラミングを覚えるだけであれば，Python は非常にやさしいので，残念ながらそれが仇(あだ)となり，データサイエンティストとして生計を立てていくという目的意識が薄い学生は，プログラミング演習授業への取り組みがおろそかになりがちである。

1.2　あるデータ分析の流れ

実際の現場で，データ分析技術を利用した課題解決を行う場合，いきなりデータを何らかの分析にかけるということはない。前述の通り，現場にあるデータはそもそも課題を解決する目的で集められたものとは限らない。そこで，まずは手元にあるデータを「見る」ことから始めて，課題解決の手掛かりを探すことが一般的である。以下，あるデータ分析作業の流れに沿って説明する。

データ分析の仕事は，まず，一見つかみどころのない課題が与えられることから始まる。たとえば，あなたはある日，所属する企業で，新商品の企画担当に任命される。いきなりそのような役職が与えられる場合もあるが，多くの場合，暗黙的に，仕事として与えられる。「今度，兵庫県に新しくスーパーを出店する計画があるのだが，肉，魚，お惣菜，どの部門に力を入れたらいいと思う？」のように，上司から大雑把に「相談」されることが多い。

こうした仕事を受けた場合，実践的な現場で働くデータサイエンティストたちは，課題解決に向けた方針を「考える」ことをしながら，データを「見る」。たとえば，上記の出店計画を相談されたあなたは，「兵庫県民の消費にはどのような特徴があるだろうか？」と考えるだろう。兵庫県民がより多く消費する商品の販売に力を入れれば，売り上げの向上につながるはずである。

しかし，方針を立てても，新たに兵庫県に出店するので，社内には同県の消費動向を分析するためのデータがない。実は，消費の動向や人口の増減，国内総生産など，我が国の社会に関する基本的な情報は，政府から公開されている。e-Stat (`https://www.e-stat.go.jp`) というホームページは，「政府統計の総合窓口」とある通り，政府あるいは民間が集めたデータを無償で公開している。たとえば「統計データを探す」というボタンから進むと，「国土・気象」「人口・世帯」など 17 の分野に分かれている。

出店計画を検討する上で知りたい各家庭の消費動向は「企業・家計・経済」という分類に含まれている。分類をたどると小分類があり，さらに最終的なデータ

図 1.3　e-Stat トップページ

が掲載されていて，マイクロソフトエクセルの形式でデータが保存されている。

代表的なオープンデータ (公開されており，自由に利用できるデータ) である政府統計データから，家計を調査したデータからなるデータベースの一部を表 1.1 に示す。

表 1.1 公開されている家計データの例 (一部)

調査年月	世帯区分	収支分類区分	北海道 札幌市	青森県 青森市	岩手県 盛岡市	宮城県 仙台市	秋田県 秋田市
20131200	二人以上の世帯	食料	63975	62383	65103	70398	64728
20141200	二人以上の世帯	食料	65450	63139	68915	71623	63825
20151200	二人以上の世帯	食料	65912	61805	70729	70741	64037
20161200	二人以上の世帯	食料	69445	69202	71061	74103	65222
20171200	二人以上の世帯	食料	69640	69216	71755	71418	69879

実際に，本書のサポートページや e-Stat のホームページから，いくつかデータをダウンロードしてみてほしい。おそらく，初学者が見れば，単なる数字と文字の羅列であり，それがさまざまな消費を表現していることはわかるであろう。しかしここから，どうしたら，新規出店するスーパーの企画に役立つ知見が得られるかは見当もつかない。

プロのデータサイエンティストは，まず，与えられたデータをさまざまな角度から「見る」。解決したい問題の種類に応じて，役に立つ結果が得られる可能性が高い「見方」がいくつかあり，彼らはそれを順に試しては仮説を立てる。さらに，立てた仮説とその根拠を，現場の専門家に確認し，確からしい仮説に絞り込んでから，本格的な分析にとりかかる。

たとえば，都道府県によって，米やパンの消費量に特徴があるという噂を聞いたことはないだろうか？ あなたが出店を企画している神戸市には有名なパン屋が集まっており，パンの激戦区としてマスメディアにも採り上げられることがあるが，それは本当であろうか？ 実は外食産業も盛んで，パンではなく米をよく食べているということはないだろうか？ もし，出店予定の神戸市が，パンをよく食べるのであれば，新規出店するスーパーのパン売り場を充実させることは売り上げ向上につながる可能性が高い。また，もしも噂とは逆に，米の消費量が多いのであれば，米や弁当などの販売に力を入れることで，パンの販売に力を入れるライバル店を出し抜くことができるかもしれない。

この仮説を「見て確かめる」ためには，2018 年度の都道府県別パンと米の消費量のデータ (サポートページ：サンプルデータ 1_1) から，2018 年度の都道府県別のパンと米の消費量についての散布図を作成するのがよい方法の 1 つである。図 1.4 に，散布図を示す。

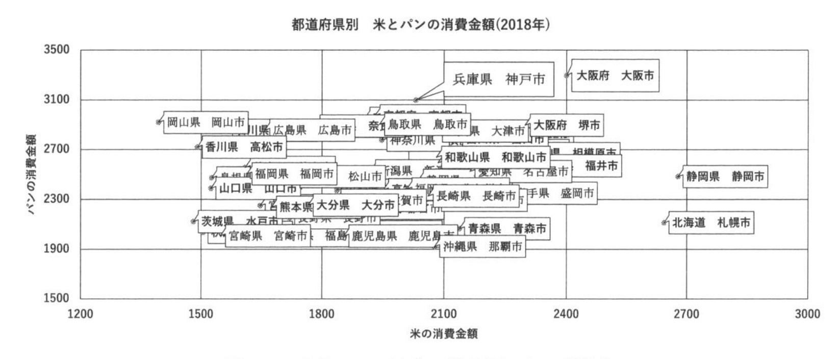

図 1.4　米とパンの消費の散布図による視覚化

図 1.4 の散布図の見方であるが，横軸は県民 1 人あたりの米の年間消費金額の平均，縦軸は同じくパンについての消費金額の平均を示す。ただし，e-Stat のデータは，特定銘柄の米やパンの消費金額を示すものであるため，読者の体感とは数値が異なるであろう。この散布図においては，描画されている点に都市が対応しており，点が右にあるほど米の消費金額が多く，上にあるほどパンの消費金額が多いことを表している。兵庫県神戸市は，真ん中の上の方にあるので，「他の都市に比べて米の消費は中くらいであるが，パンの消費量については全国で 2 番目に多い」ことが見てとれる。

今度は同じく食の傾向を考えるため，スーパーで必ず取り扱う肉の消費量についてデータを見てみる。肉の消費についても，地域によって特徴があるということは一般にいわれているが，本当にそうなのか，確かめてみよう。e-Stat には，牛肉，豚肉，鶏肉について，各政令指定都市や県庁所在市における家計からの消費支出データが公開されている。上述のパンと米の消費傾向と同様に，まずは肉の消費傾向を散布図にしてみたものが図 1.5 である。図中の，黒矢印の指す先が神戸市のデータであり，牛肉と鶏肉の消費量が多く，逆に豚肉の消費量は他の都市に比べて少ないといえそうである。

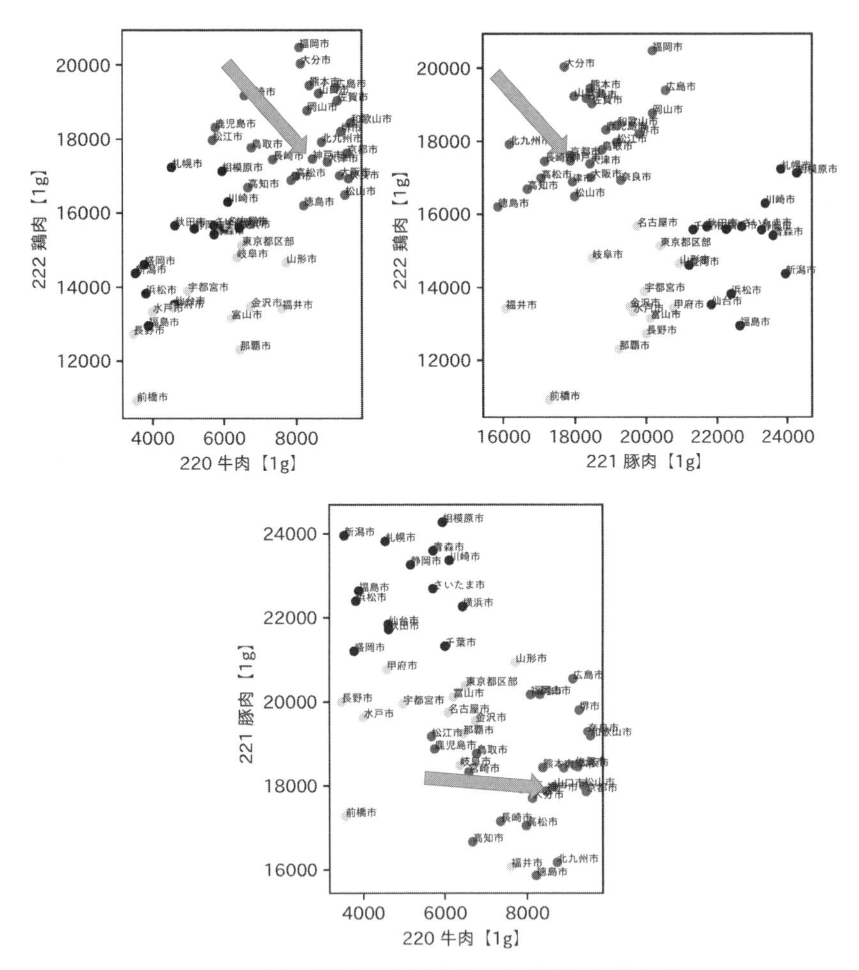

図 1.5　県庁所在市と政令指定都市の肉の消費傾向 (散布図)

確かに，3 種類の肉の消費について，都市ごとに特徴があることはわかったが，ではもっと他にわかりそうなことはないだろうか？ 散布図では，ある都市の特徴は読み取れるが，これ以上の情報を読み取りにくい。そこでさらに，消費傾向の似ている都市をまとめてみることを考える。こうした特徴の似たものをまとめる操作を，クラスタリングという。後段で詳しく説明する通り，クラスタリングにはさまざまな方法があり，ここでは詳細を割愛するが，肉の消費傾向について，似ている都市をある方法でクラスタリングしたものを図 1.6 に

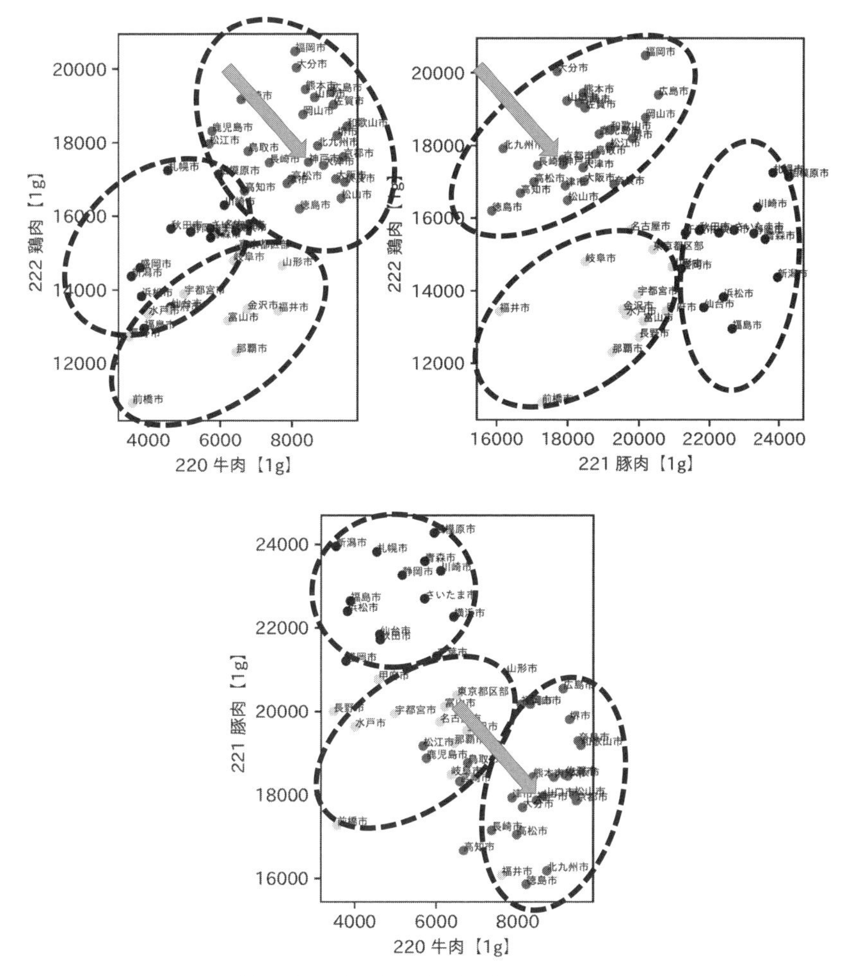

図 1.6　県庁所在市と政令指定都市の肉の消費傾向 (クラスタリング)

示す。点線で囲まれた都市が，消費傾向の似ているクラスタである。

この図を見ると，同じクラスタに所属している都市どうし，すなわち，肉の消費に関して傾向が似ている都市どうしは，同じ地方に固まっているかのように見える。もしそれが本当であれば，新規に出店する神戸市のスーパーには，同じクラスタに所属する他の都市と同じ肉の仕入れ方をすれば，同様に売れる可能性が高い。

しかし，クラスタ表現ではまだ読み取りにくいので，さらに別の表現方法でデータを視覚化してみる。

家計調査データに，各都市の緯度経度情報を付加することで，日本地図上に各都市をプロットして表現することができる。さらに，クラスタごとに色を変えることで，肉の消費についての特徴が，西日本，中部と北関東，その他の地域で分かれていることが一目でわかる。

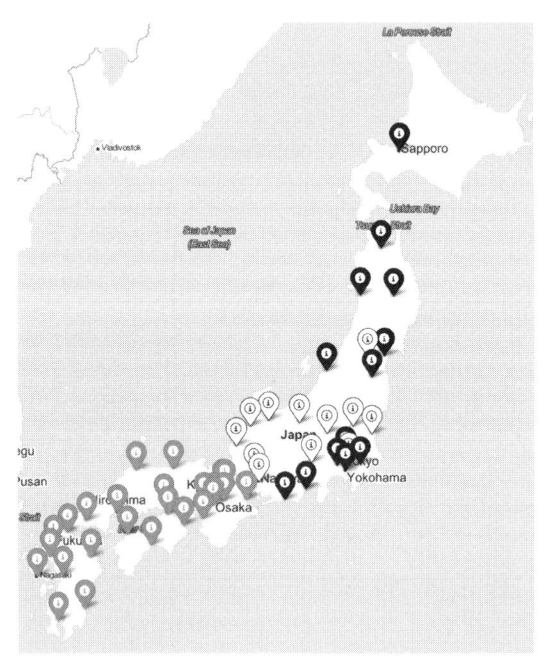

図 1.7　肉消費傾向の地図表現 (灰色：牛肉と鶏肉の消費が多い，黒：豚肉の消費が多い，白：それ以外の消費傾向)

なお，ここまで述べてきたデータを「見る」段階において，データサイエンティストは，現場の人に，自身の立てた仮説についての意見を求めるべきである。データを視覚化した結果，見えた仮説に基づく分析方針を現場で働く人に確認してから次のステップへ進むべきである。たとえば，神戸市は牛肉と鶏肉の消費が多い，とデータからは読み取れたが，それがすでに近隣に出店しているスーパーの肉売り場の「感覚」と合っているならば，その仮説をさらに補強するためのデータを収集したり，より多くの POS データを分析にかけて仮説を検証したりして，新規出店するスーパーの，肉売り場仕入れ方針を策定すべきである。近年，QPR[1] のように，小売店舗の枠を超えて，消費者の購買履歴を知るためのデータベースや，付随するサービスの提供も始まっている。

以上，本節では，実践的なデータサイエンスの流れを説明し，その第一歩である「データを見る」段階について述べた。本書の執筆時点で，データを入力するだけで，有益な結論を自動的に導き出してくれる人工知能システムは存在しない。つまり現状において，データサイエンティストには，まず現場にあるデータを「見て」分析の方針を立てる力が求められる。

昨今の人工知能ブームで,「機械学習」や「データマイニング」の言葉が独り歩きした結果，人工知能に関する入門的な講座を実施すると,「人工知能システムにデータさえ与えれば，我が社の利益を飛躍的に伸ばす発見を機械が自分で学習してくれるんでしょう？」「機械が自分で学習できるようになったから，いつか人間の仕事を勝手に学んで職を奪っていくといわれていて，不安です」などの質問を必ずといってよいほど受けるが，誤解である。こうした誤解を持つ経営者も少なくないので，データサイエンティストには，彼らに，データを「見る」作業の必要性を説明し，その有効性を実践で証明する能力が求められる。

文　献

1) “消費者購買履歴データ QPR”, https://www.macromill.com/service/database_research/qpr.html, (2019 年 3 月 17 日アクセス).

Chapter 2

データを要約すると何が見えてくる？

1章で述べた通り，データ分析を通して課題解決を行う場合，まずは与えられたデータ，あるいは自らが収集したデータを「見る」ことが重要である。一方で，大量のデータを1つ1つ確認していくことは現実的ではない場合も多く，そのような場合はさまざまな尺度を用いてデータを要約し傾向をつかまなければならない。

集めたデータの傾向を客観的に把握するためには，データの傾向を表すさまざまな尺度とその性質について知っておく必要がある。「平均」は最もよく用いられる尺度だが，それだけがデータを要約する尺度ではない。本章ではデータを要約する代表的な尺度について実際のデータとプログラミングを用いながら見ていく。

2.1 データを代表する値

まず，本章で用いるデータについて説明しよう。表2.1は，気象庁のウェブサイトから取得した，2018年における神戸市と屋久島における月別の総降雨量を示したものである。たとえば，2018年1月の神戸市の月間総降雨量が44 mmであることを表している。気象庁のウェブサイト*1)では過去の気象データを手軽に検索，取得することができる。

さて，この表を眺めてみると，屋久島の方が神戸市よりも雨量が多いことや，屋久島は雨量が少ない月でも200 mm前後の降雨量がある，といったことが読み取れる。なお，神戸の降雨量や屋久島の降雨量のように，さまざまな値を取

*1) https://www.jma.go.jp/jma/menu/menureport.html

表 2.1 神戸市と屋久島における 2018 年の月間総降雨量 (mm)

	1 月	2 月	3 月	4 月	5 月	6 月	7 月	8 月	9 月	10 月	11 月	12 月
神戸市	44	36	129	137	241	216	532	136	465	47	12	46
屋久島	269	268	237	274	525	1,080	384	215	707	165	216	208

り得るものを**変量**あるいは**変数**という。神戸市の降雨量，屋久島の降雨量はそれぞれ変量の例である。

表 2.1 のデータは，それぞれの地域のデータ数が 12 個と非常に少ないため，すべてのデータを 1 つ 1 つ眺めて傾向を把握することができる。しかし，実際の分析ではデータの個数は数万，数百万，数億といった規模になり，個々のデータを眺めて傾向を把握することは難しい。そこで，平均や分散といった尺度を求めデータを要約することで，データの傾向を素早く，そして客観的に把握する必要がある。

2.1.1 平　均

データの傾向をつかむ上で最も用いられる尺度が**平均**である。平均はある変量から得られたデータの各要素の値を加えたものをデータの個数で割ることで求められる。いま，n 個のデータ $x_1, x_2, \ldots, x_n$ があるとしよう。たとえば，神戸市の雨量を例にとれば，12 か月分のデータがあるため $n = 12$ であり，$x_1 = 44, x_2 = 36, \ldots, x_{12} = 46$ である。このとき，平均 $\bar{x}$[*2] は以下の式で計算される。

$$\begin{aligned}\bar{x} &= \frac{1}{n}(x_1 + x_2 + \cdots + x_n) \\ &= \frac{1}{n}\sum_{i=1}^{n} x_i\end{aligned}$$

神戸市における 2018 年の月間降雨量の平均 $\bar{x}$ を小数点以下 1 桁まで計算すると，$\bar{x} = \frac{(44+36+\cdots+12+46)}{12} = 170.1\,\mathrm{mm}$ となる。

2.1.2 中　央　値

平均と並びよく用いられる尺度として**中央値**がある。中央値とは，データの

---

*2) $\bar{x}$ はエックスバーと読む。バー ($\bar{\ }$) は平均を表す際によく用いられる記号である。

各要素を値の小さい順に並べたときに，ちょうど中央に位置するデータのことを指す。たとえば，

1 4 6 8 10

という 5 つの要素からなるデータがあったとき，中央に位置するデータは 3 番目にある 6 である。したがって，このデータの中央値は 6 である。また，データの個数が偶数であった場合は，中央の前後にある値の平均を中央値とする。たとえば，

1 4 6 8

という 4 つの要素からなるデータであれば，中央の前後，すなわち 2 番目と 3 番目の値の平均をとり，$\frac{4+6}{2}=5$ として求めることができる。一般に，データの個数が奇数 $2n+1$ であるとき，中央値は $n+1$ 番目に位置するデータの値，個数が偶数 $2n$ であるとき，中央値は n と $n+1$ 番目に位置するデータの平均となる。

では，神戸市の月間降雨量の中央値について求めてみよう。中央値を求めるためには，データをあらかじめ降雨量順に並べかえた方がやりやすい。表 2.2 は表 2.1 を降雨量順に並べかえたものである。ちなみに，このようにデータを値の大小に従って並びかえることを，ソートやソーティングという。データ分析をサポートするソフトウェアやプログラムの多くはデータをソートする機能を備えている。

表 2.2 表 2.1 を降雨量順に並べかえたもの

	1	2	3	4	5	6	7	8	9	10	11	12
神戸市	12	36	44	46	47	129	136	137	216	241	465	532
屋久島	165	208	215	216	237	268	269	274	384	525	707	1,080

さて，表 2.2 を用いて，神戸市の月間総降雨量について中央値を求めてみよう。データの個数は 12 個であるため，6 番目と 7 番目の値の平均，すなわち，$(129+136)/2=132.5\,\mathrm{mm}$ と求めることができる。

例題 2.1 表 2.1 の屋久島のデータについて，平均と中央値をそれぞれ計算してみよ。

解答 それぞれ小数点以下 1 桁まで計算すると，平均は 379.0 mm，中央値は 268.5 mm となる。

■ **平均・中央値を求めるプログラム** ここでは，いま扱った平均・中央値について，プログラムでも求めてみよう。本書では，データ分析でよく用いられる Python というプログラミング言語と，pandas というライブラリを用いる。環境の設定や Python の実行方法については巻末の付録および本書のサポートサイトを参照するとよい。

表 2.1 のデータが weather.csv というファイルとして本書サポートサイトで提供されている。まずはこのファイルを読み込んでみよう。正しくコードが実行できていれば，図 2.1 のような出力がされる。

日時	神戸	屋久島
2018年1月	44	269
2018年2月	36	268
2018年3月	129	237
2018年4月	137	274
2018年5月	241	525
2018年6月	216	1080
2018年7月	532	384
2018年8月	136	215
2018年9月	465	707
2018年10月	47	165
2018年11月	12	216
2018年12月	46	208

図 2.1 コード 2.1 の実行結果

コード 2.1 データの読み込み

```
1  import pandas as pd
2
3  df = pd.read_csv("weather.csv", index_col="日時", encoding="Shift_JIS
       ")
4  df
```

次に，神戸市の月間総降雨量の平均と中央値を求めてみよう。

コード 2.2　神戸の総降雨量の平均と中央値 (コード 2.1 の後に実行すること)

```
1  print(f"神戸の平均: {df['神戸'].mean():.1f} mm")
2  print(f"神戸の中央値: {df['神戸'].median():.1f} mm")
```

以下のような出力が表示されるはずである。

出力：

```
神戸市の平均: 170.1 mm
神戸市の中央値: 132.5 mm
```

本書では pandas と呼ばれるライブラリを用いてプログラムを作成する。ライブラリとは，ある特定の目的に沿った一連の処理を提供するためのプログラムの集まりのようなもので，本書で用いる pandas はデータ分析でよく用いられるライブラリの 1 つである。たとえば，上記コードの `read_csv()` は csv ファイルを読み込む関数，`mean()` や `median()` はそれぞれ平均と中央値を計算するための関数である。このようにライブラリを用いることで，データ分析に関わるさまざまな処理を簡単に実現することができる。

次は，上記コードを参考に神戸ではなく屋久島の総降雨量の平均と中央値を求めてみよう。上記コードの「神戸」の部分をすべて「屋久島」に変えて実行すればよい。

例題 2.2　上記コードを参考に表 2.1 の屋久島の月間降雨量について，平均と中央値を Python で求めよ。

解答　以下のコードを実行すればよい。

コード 2.3　屋久島の総降雨量の平均と中央値 (コード 2.2 の後に実行すること)

```
1  print(f"屋久島の平均: {df['屋久島'].mean():.1f} mm")
2  print(f"屋久島の中央値: {df['屋久島'].median():.1f} mm")
```

出力：

```
屋久島の平均: 379.0 mm
屋久島の中央値: 268.5 mm
```

2.1.3 最　頻　値

平均や中央値のほかに，**最頻値** (モード，とも呼ばれる) もデータの代表的な値を示す際に用いられることがある。最頻値とはその名の通り，データの中で最も出現頻度が多い値のことを指す。今回用いたデータは，すべての月で降雨量が異なっており，すべての値の出現回数が1回となっているが，もし仮に神戸市の5月の降雨量が6月と同じ216 mmだったとすると，216 mmが2回出現し，最も頻度が多いため216 mmが最頻値となる。なお，最も出現頻度が多い値が複数ある場合はそれら複数の値が最頻値となる。

最頻値はどのようなデータが最も多く生じているかを確認するために用いられる。たとえば，ある試験で最も多くの学生が獲得した得点や，アンケート調査結果の分析において，最も回答者が多かった回答項目などは最頻値の例である。

2.1.4　外　れ　値

他の要素から極端に値が異なる要素を**外れ値**，あるいは**異常値**と呼ぶ。平均と中央値の性質について理解するために，外れ値とこれらの尺度の関係を知っておくことは有益であろう。次の例題を考えてみよう:

例題 2.3　表2.1の神戸市のデータについて，もし仮に7月の総降雨量が532 mmではなく3,000 mmであった場合に，平均と中央値がどのような値になるかを計算してみよ。

解答　小数点以下1桁まで計算すると，平均は375.8 mm，中央値は132.5 mmとなる。

この例題で用いた3,000 mmという値は他の月の降雨量と比べて極端に大きな値をとっており，したがって外れ値であると考えることができる。実際にこの外れ値を考慮して平均と中央値について計算してみると，中央値は値が変わらないのに対し，平均が132.5 mmから375.8 mmへと大きく変わることがわかる。平均は値を求める際にすべてのデータの値を用いるため，少数の外れ値が平均の計算結果に大きな影響を与えるのに対し，中央値はデータの大小の順番だけを考慮するため，極端な値をとるデータがあったとしても，中央に位置する要素の値は大きく変化することはない。このように，中央値は平均に比べて，外れ値があっても値が大きく変わることがないという性質がある。そのような性質を外れ値に対して**頑健性**がある，あるいは**ロバスト**であるという。

2.1.5 平均からいえること，いえないこと

平均，中央値，最頻値についてより深く理解するために，最後に以下の例題を考えてみよう:

例題 2.4 総務省 2019 年家計調査報告 (貯蓄・負債編) によれば，2 人以上の世帯における貯蓄現在高の平均は 1 世帯あたり 1,755 万円であると報告されている。このことから，以下の主張が正しいかどうか考えよ。

a. 2 人以上の世帯を貯蓄額順に並べると，だいたい中央に位置する世帯の貯蓄額は 1,755 万円に近い。

b. 2 人以上の世帯の貯蓄額は，1,755 万円付近が最も多い。

解答 a. も，b. も「平均は 1,755 万円」という情報だけからは，それが正しい主張であるかどうかはわからない。

平均，中央値，最頻値という 3 つの概念について正しい理解ができたならば，平均を知るだけでは a. も b. もそれだけでは正しいかどうかはわからないことがわかるだろう。「貯蓄額の平均は 1,755 万円である」とだけ聞けば，それが全世帯の貯蓄額の中央付近の値であったり，多くの世帯の貯蓄額がその付近にあると思ってしまうことも多いが，実際にはデータの分布を見てみない限りそれらが正しいかどうかはわからない。図 2.2 は，総務省統計局のウェブサイト [*3)] に掲載されている，2 人以上の世帯に関する貯蓄現在高のヒストグラムである。このヒストグラムからわかるように，貯蓄額の分布は左に偏った分布となっており，例題 2.4 であげた a. や b. の主張は成り立っていないことがわかる。実際，貯蓄保有世帯の中央値は 1,033 万円と報告書に記載されており，平均の 1,755 万円と大きな差があることがわかる。このように，分布が偏っていると平均と中央値は一致しないことも多い。また，多くの世帯の貯蓄額が 1,755 万円付近に集まっているわけではないことも，この図から見てとれるだろう。

では，平均，中央値，最頻値が近い値となるのはどのような場合であろうか。これは，データが**正規分布**という，平均値付近にデータが集まり，そこから左右

[*3)] 総務省統計局，家計調査報告 (貯蓄・負債編) − 2019 年 (令和元年) 平均結果 − (二人以上の世帯) https://www.stat.go.jp/data/sav/sokuhou/nen/index.html (2020 年 9 月 21 日閲覧)

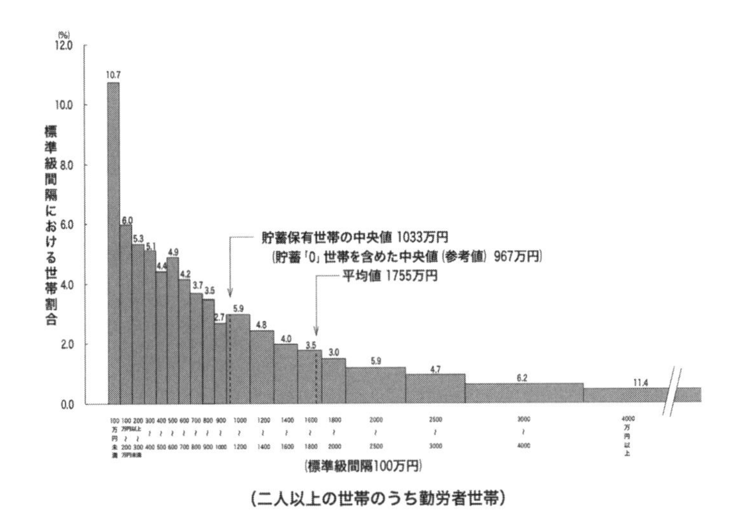

図 2.2　2 人以上の世帯における貯蓄現在高のヒストグラム。図の出典: 2019 年家計調査 (貯蓄・負債編) 図 I − 1 − 1「貯蓄現在高の推移 (二人以上の世帯)」。

対称に広がっていくような分布に従っていれば，平均，中央値，最頻値は近い値を持つ。正規分布は自然界にあるデータや社会現象など多くのデータに当てはまる分布であるが，例にあげた貯蓄や所得などのように，格差が大きいデータに対しては当てはまらず，平均と中央値が大きく乖離することも多い。要約されたデータを使う側にとっても，データを要約する側にとっても，平均や中央値からいえることといえないことを普段から意識しておくことは重要であろう。

平均，中央値，最頻値は，データを代表するような値を求めていると考えることもできる。そのため，これらは**代表値**とも呼ばれる。

2.2　データのばらつきを表す尺度

平均や中央値だけでは，そのデータを代表する値はわかっても，互いに似たような値を持っているのか，あるいはばらばらな値を持っているのかといったデータのばらつきについてはわからない。データのばらつきを表す尺度としては分散と標準偏差がよく用いられる。

2.2.1 分　　　散

分散は，データの各要素についてデータの平均との差を 2 乗したものを足し，最後にデータの個数で割ることで求められる。具体的には，n 個のデータ $x_1, \ldots, x_n$ があるとき，分散 s^2 は以下の式で計算される。

$$\begin{aligned} s^2 &= \frac{1}{n}((x_1 - \bar{x})^2 + \cdots + (x_n - \bar{x})^2) \\ &= \frac{1}{n}\sum_{i=1}^{n}(x_i - \bar{x})^2 \end{aligned}$$

なお，$\bar{x}$ は 2.1 節で説明した，データの平均である。分散の計算式を見てみると，各要素 x_i について，$x_i - \bar{x}$ という平均からの差を計算し，それを 2 乗したものを足し合わせていることがわかる。つまり，分散は平均からの差 $x_i - \bar{x}$ の絶対値 $|x_i - \bar{x}|$ が大きい要素があるほど高い値となる。なお，この $x_i - \bar{x}$ を偏差と呼ぶ。分散は偏差を 2 乗した値の平均と捉えることもできる。

2.2.2 標　準　偏　差

分散は $(x_i - \bar{x})^2$ という項にも表れているように，2 乗しているため単位はデータの単位 ^{2} となりデータ本来の単位と一致しない。そのため，分散の平方根をとることで単位を合わせた**標準偏差**もばらつきの尺度として用いられる。分散を s^2 とするとき，標準偏差 s は以下の式で計算される。

$$\begin{aligned} s &= \sqrt{s^2} \\ &= \sqrt{\frac{1}{n}\sum_{i=1}^{n}(x_i - \bar{x})^2} \end{aligned}$$

定義より，標準偏差を 2 乗すると分散に一致する。これらの定義を使って，神戸市の月間降雨量の分散と標準偏差を小数点以下 1 桁まで計算してみよう。途中の計算を小数点以下 2 桁まで計算した値を用いて計算すると，分散は

$$\begin{aligned} s^2 &= \frac{(44 - 170.08)^2 + \cdots + (46 - 170.08)^2}{12} \\ &= \frac{15896.17 + \cdots + 15395.85}{12} \\ &= 26537.75 \\ &= 26537.8 \end{aligned}$$

よって，分散 $s^2 = 26{,}537.8\,\mathrm{mm}^2$，標準偏差 $s = \sqrt{26537.75} = 162.9\,\mathrm{mm}$ となる。分散の単位は mm^2，標準偏差の単位は mm となっていることに注意しよう。さて，このばらつきの大小を確認するため，屋久島の月間降雨量の分散と標準偏差についても計算してみよう。

例題 2.5 表 2.1 の屋久島の月間降雨量について，分散と標準偏差を計算せよ。

解答 途中の計算を小数点以下 2 桁まで求め，分散と標準偏差を小数点以下 1 桁まで求めると，分散は $67{,}036.5\,\mathrm{mm}^2$，標準偏差は 258.9 mm となる。

神戸市と屋久島の降雨量の標準偏差を比べてみると，神戸市が 162.9 mm であるのに対して，屋久島は 258.9 mm となっており神戸市に比べて大きい値となっている。つまり，屋久島の降雨量の方が標準偏差が大きいということがわかる。分散や標準偏差を見ることで，データの散らばりについて把握することができる。3 章ではデータ間での標準偏差の大小を比較するための尺度として変動係数について紹介する。

なお，多くのソフトウェアやプログラムでは，分散を計算する際に**不偏分散**と呼ばれる値が計算される。不偏分散 $\hat{\sigma}^2$ は以下の式で計算される。

$$\hat{\sigma}^2 = \frac{1}{n-1}\sum_{i=1}^{n}(x_i - \bar{x})^2 \tag{2.1}$$

分散が n で割っていたのに対して不偏分散は $n-1$ で割っているところが異なる。また，標準偏差についても不偏分散の平方根をとった標準偏差が用いられることが多い。プログラムを用いて分散や標準偏差を求める際は，得られる値が不偏分散なのかそうでないのかを意識しておく必要がある。

$$\hat{\sigma} = \sqrt{\hat{\sigma}^2} \tag{2.2}$$

$$= \sqrt{\frac{1}{n-1}\sum_{i=1}^{n}(x_i - \bar{x})^2} \tag{2.3}$$

■ **分散と標準偏差を求めるコード** 平均や中央値と同様に，pandas では分散や標準偏差を計算する関数を提供している。分散は `var()`，標準偏差は `std()` を使うことで求めることができる。ただし，pandas では，標準で不偏分散が計算されるため，不偏分散でない分散とその標準偏差を求めるためには，以下のように ddof=0 と指定する必要がある。

コード 2.4　分散，標準偏差の計算 (コード 2.3 の後に実行すること)

```
1  print(f"神戸の分散: {df['神戸'].var(ddof=0):.1f} mm^2")
2  print(f"神戸の標準偏差: {df['神戸'].std(ddof=0):.1f} mm")
```

出力：

```
神戸の分散: 26537.7 mm^2
神戸の標準偏差: 162.9 mm
```

先ほど手計算で求めた値と異なっているのは，さきほどの計算は途中計算を小数点以下 2 桁までしか求めていないのに対して，こちらはより細かい桁数まで計算しているためである。念のため，不偏分散および不偏分散から計算される標準偏差についても求めておこう。

コード 2.5　不備分散の計算 (コード 2.4 の後に実行すること)

```
1  print(f"神戸の不偏分散: {df['神戸'].var():.1f} mm^2")
2  print(f"神戸の標準偏差 (不偏分散の平方根): {df['神戸'].std():.1f} mm")
```

出力：

```
神戸の不偏分散: 28950.3 mm^2
神戸の標準偏差 (不偏分散の平方根): 170.1 mm
```

例題 2.6　上記コードを参考に表 2.1 の屋久島の月間降雨量について，分散と標準偏差を Python で求めよ。

解答　以下のコードを実行すればよい。

コード 2.6　屋久島の総降雨量の分散と標準偏差 (コード 2.5 の後に実行すること)

```
1  print(f"屋久島の分散: {df['屋久島'].var(ddof=0):.1f} mm^2")
2  print(f"屋久島の標準偏差: {df['屋久島'].std(ddof=0):.1f} mm")
```

出力：

```
屋久島の分散: 67036.5 mm^2
屋久島の標準偏差: 258.9 mm
```

2.3　四分位数と箱ひげ図

最後に，データのばらつきや代表値を図示するための有用な方法である箱ひげ図について説明しよう。まず，箱ひげ図を作成する際に用いられる四分位数と5数要約について説明する。

2.3.1 四　分　位　数

中央値とはデータを小さい順に並べた際の，ちょうど中央に位置する値であった。同様に，データを小さい順に並べ4分割することを考えると，データの4分の1番目，データの4分の2番目，データの4分の3番目にくる要素の値をそれぞれ考えることができる。これらの値を**四分位数**といい，データの4分の1番目にくる値を**第1四分位数**，データの4分の2番目にくる値を**第2四分位数**，データの4分の3番目にくる値を**第3四分位数**と呼ぶ。また，それぞれQ_1, Q_2, Q_3という記号で表されることも多い。第2四分位数とはデータの4分の2，すなわち中央に位置する要素の値であるので，第2四分位数とは中央値のことである。

四分位数の求め方について見てみよう。なお，四分位数の求め方には複数の方法があり，ここで説明する方法はその中の1つである。一般に，扱うデータの数が大きくなれば，四分位数の求め方から生ずる違いの影響は小さくなる。以下の例で説明しよう。

1 2 3 4 5 6 7 8 9

まず，中央値を求める。データの個数は9であるので，中央値は5番目の値，すなわち5である。その後，その中央値を含めた左半分 (つまり，値の小さい方) だけからなるデータに対して中央値を求め，第1四分位数とする。中央値を含めた左半分のデータは，

1 2 3 4 5

であるので，このデータの中央値である3が第1四分位数となる。同様に，中央値を含めた右半分のデータについても中央値を求め，それを第3四分位数とする。中央値を含めた右半分のデータの中央値は7であるので，第3四分位数は7となる。また，データの個数が偶数の場合は，データを左半分と右半分に分ける際に，中央値を除いて半分に分け，それぞれのデータで中央値を求め第1四分位数，第3四分位数とする。

具体的に神戸市の例で第1四分位数と第3四分位数を計算すると，データの個数が12と偶数であるので，中央値を含まない1番目から6番目に少ない降雨量での中央値，7番目から12番目に少ない降雨量での中央値を求めればよく，第1四分位数は45 mm，第3四分位数は228.5 mmと求められる。なお，四分位数はデータを100分割した際の25%，50%，75%目にもあたることから，第1四分位数のことを**25パーセンタイル**，第3四分位数を**75パーセンタイル**と呼ぶこともある。

例題 2.7　表2.1の屋久島の月間降雨量について，第1四分位数と第3四分位数を求めよ。

解答　第1四分位数は215.5 mm，第3四分位数は454.5 mmとなる。

2.3.2 箱ひげ図

先に説明した第1四分位数，中央値(第2四分位数)，第3四分位数に加え，データの最小値と最大値を合わせた5つを**5数**といい，5数を表にまとめたものを**5数要約**という。表2.3に神戸市と屋久島の月間降雨量の5数要約を示す。この5数をグラフで図示したものが**箱ひげ図**である。

表2.3　神戸市と屋久島の月間降雨量の5数要約

	神戸市 (mm)	屋久島 (mm)
最小値	12	165
第1四分位数	45	215.5
中央値	132.5	268.5
第3四分位数	228.5	454.5
最大値	532	1,080

箱ひげ図と5数との対応を図2.3に示す。箱ひげ図は，「箱」と箱からのびる「ひげ」によってデータの分布を表現したグラフである。箱の端が第1四分位数と第3四分位数を表し，箱の中の横線が中央値を表す。また，ひげの両端が最小値と最大値を表している。

箱ひげ図はデータの代表値や散らばりの度合いを把握する上で有用なグラフである。データが集まっている箇所は箱やひげの幅がせまく，データが散らばっ

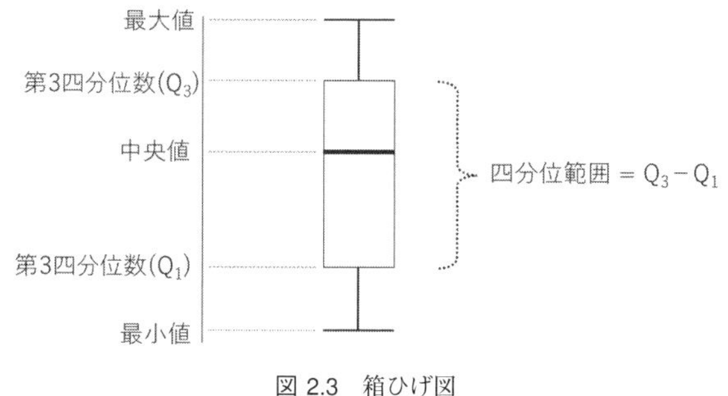

図 2.3　箱ひげ図

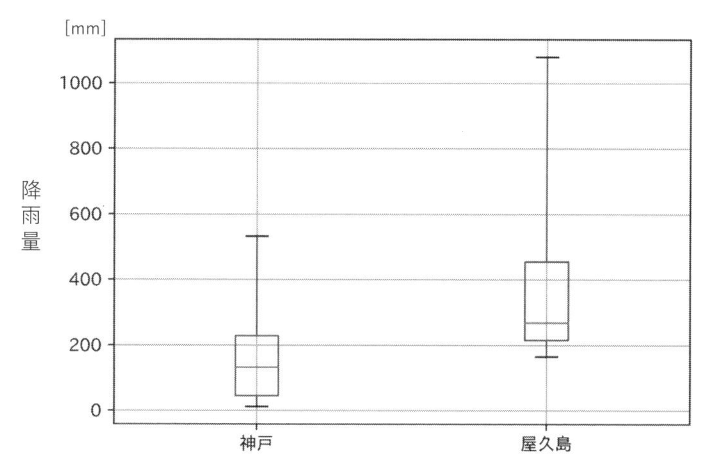

図 2.4　神戸市と屋久島の月別降雨量の箱ひげ図 (外れ値を考慮しない方法)

ているところは幅が広くなる。実際に神戸市と屋久島の月別降雨量を箱ひげ図にしたものを図 2.4 に示す。箱ひげ図を比べ，この図から何が読み取れるか考えてみよう。たとえば，神戸市も屋久島も，箱の下端から伸びるひげの幅が，箱の上端から伸びるひげに比べて短いことがわかる。データが集まっているほど箱やひげの幅は狭くなるため，神戸市も屋久島も，最小値から第 1 四分位数の範囲にあるデータは似た降雨量であることがわかる。

例題 2.8　図 2.4 の箱ひげ図からほかにも読み取れることをあげてみよ。

解答　たとえば，屋久島の中央値が神戸の第 3 四分位数よりも大きいことから，1 年間のうち少なくとも 4 分の 3 は，神戸の月間総降雨量は屋久島の中央値よりも小さいことがわかる。

また，箱ひげ図を描く際には外れ値を考慮する場合もあり，通常はこちらの方法を用いるソフトウェアやプログラムも多い。外れ値を求める方法として，**四分位範囲**を用いる方法がある。四分位範囲とは 第3四分位数 − 第1四分位数　として定義される。データのばらつきがあるほど四分位範囲は大きくなる傾向にあるため，四分位範囲も分散や標準偏差のようにデータのばらつきを示す尺度の1つとして考えることができる。なお，最大値から最小値を引いた値を**範囲**といい，これもデータのばらつきを表す指標の1つである。神戸市の降雨量を例にとれば，範囲は 520 mm，四分位範囲は 183.5 mm となる。

例題 2.9　表 2.1 の屋久島の月間降雨量について，範囲と四分位範囲を求めよ。

解答　範囲は 915 mm，四分位範囲は 239 mm となる。

外れ値を考慮した箱ひげ図は次のように書くことができる。いま，四分位範囲を IQR (interquartile range)，第1四分位数を Q_1, 第3四分位数を Q_3 とするとき，

- $Q_3 + 1.5 \times \mathrm{IQR}$ より大きな要素，もしくは
- $Q_1 - 1.5 \times \mathrm{IQR}$ より小さな要素

を外れ値とみなし，$Q_3 + 1.5 \times \mathrm{IQR}$ 以下の中で最大の要素をひげの上端に，$Q_1 - 1.5 \times \mathrm{IQR}$ 以上の中で最小の要素をひげの下端として描き，外れ値は別途表示するという方法がとられる。この方法で箱ひげ図を描くと図 2.5 のようになる。神戸市の7月の降雨量は $532 \geq 228.5 + 1.5 \times 183.5$ となっており，また，屋久島の6月の降雨量は $1{,}080 \geq 454.5 + 1.5 \times 239$ となっており外れ値として判定されている。

■ 5数要約および箱ひげ図を求めるコード　本節で紹介した5数の求め方と，箱ひげ図を描くプログラムについて見てみよう。`describe()` という関数を使うことで，5数を含むさまざまな統計量 [*4] を一度に求めることができる。

[*4] 5数や平均，標準偏差といったデータの分布を特徴的に表す尺度を要約統計量という。

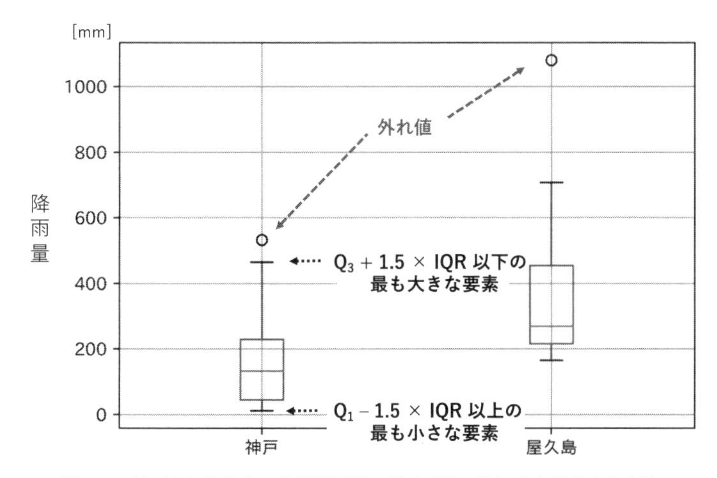

図 2.5 神戸市と屋久島の月別降雨量の箱ひげ図 (外れ値を考慮する方法)

コード 2.7 5 数要約 (コード 2.6 の後に実行すること)

```
1  df.describe()
```

このコードを実行すると，図 2.6 のような結果が表示される。25%, 50%, 75% に対応する値は，それぞれ第 1 四分位数，中央値 (第 2 四分位数)，第 3 四分位数を表している。また，min と max は最小値と最大値をそれぞれ表している。さらに，count はデータの個数，mean は平均を，std は標準偏差 (不偏分散の平方根) を表している。なお，本書で求めた四分位数と pandas で得られる四分位数が少し異なっているのは，pandas で四分位数を求める方法は本書で説明した方法と異なるためである。

	神戸	屋久島
count	12.0	12.0
mean	170.1	379.0
std	170.1	270.4
min	12.0	165.0
25%	45.5	215.8
50%	132.5	268.5
75%	222.2	419.2
max	532.0	1080.0

図 2.6 コード 2.7 の実行結果

箱ひげ図の描画には，matplotlib という，グラフの描画のためのライブラリを用いるとよい。また，グラフ中に日本語を用いるために，japanize_matplotlib というライブラリも読み込む。japanize_matplotlib を読み込むための環境設定については，本書サポートサイトを参照されたい。

コード 2.8　matplotlib の読み込み (コード 2.7 の後に実行すること)

```
1  import matplotlib.pyplot as plt
2  import japanize_matplotlib
```

箱ひげ図は boxplot() という関数を呼ぶことで作成することができる。デフォルトでは外れ値を考慮する方法で箱ひげ図が描かれるため，ひげの末端を最小値と最大値として描くには，whis='range' と指定する必要がある。

コード 2.9　箱ひげ図の描画 (外れ値を考慮しない) (コード 2.8 の後に実行すること)

```
1  df.boxplot(whis="range")
2  plt.show()
```

一方，何も指定しない場合は，外れ値を考慮した箱ひげ図を描くことができる。

コード 2.10　箱ひげ図の描画 (外れ値を考慮) (コード 2.9 の後に実行すること)

```
1  df.boxplot()
2  plt.show()
```

2.4 ま　と　め

本章では，データを要約するための種々の指標について説明した。また，データの分布をわかりやすく表現する方法である箱ひげ図についても説明した。本章で紹介した内容は，記述統計と呼ばれる，集めたデータの傾向を素早くつかみ，わかりやすくまとめるための方法論の一部である。世の中で報告されている統計データは本章で紹介した尺度を使ったものが多く，データの傾向を正しく理解するためには，各尺度がどのように計算されているかを知っておくことが必要である。また，データを要約する側の立場としても，データに対して誤解を与えないよう，適切に尺度を選択し要約することが重要である。

本章ではさまざまな尺度を紹介したが，それぞれの尺度が表現できるデータの特性は一部にすぎない。要約する前のデータが手元にある場合には，ここで紹介した尺度を求めるだけでなく，ヒストグラムや散布図を用いながら実際のデータの傾向をつかむことが重要である。

章 末 問 題

(1) 分散，標準偏差，第1四分位数，第3四分位数，範囲，四分位範囲について，外れ値に対して頑健な尺度とそうでない尺度に分類せよ。

(2) 平均，中央値，最頻値が一致するような個数20個以上のデータを作成し，そのデータの箱ひげ図を描け。

(3) 平均と中央値が大きく異なると考えられるデータとしてどのようなものがあるか，3つあげてみよ。また，そのようなデータの要約を統計的知識のない人々に報告するとき，どのような点に気を付けなければならないだろうか。あなたの考えを述べよ。

Chapter 3

関係性を調べる

前章では，あるデータの平均や中央値といったデータ全体を要約する値について述べた。本章では，あるデータの中での特定の値が全体においてどのような関係にあるかどうかや，複数のデータにどのような関係性があるかを調べてみる。

3.1 データの相対的な関係

3.1.1 変　動　係　数

表 3.1 は，1935 年と 2017 年のそれぞれの年における都道府県別の出生数表を示している。これらのデータを用いて，さまざまなデータの比較を行うことを考えてみよう。

例題 3.1 出生数についてのデータが births.csv というファイルとして本書サポートサイトで提供されている。pandas を用いて births.csv を読み込み，その内容を表示しなさい。なお，births.csv の 1 行目には，列名が書かれており，それぞれ，都道府県，1935 年，2017 年となっている。

解答　以下のコードを実行することで births.csv の内容が表示される。

コード 3.1　都道府県別の出生数

```
1  import pandas as pd
2
3  df = pd.read_csv("births.csv", index_col="都道府県", encoding="
       Shift_JIS")
4  print(df)
```

1935 年と 2017 年の出生数はどのように変化しているだろうか。まずは，出

表 3.1 1935 年と 2017 年の都道府県別の出生数 (人)

都道府県	1935 年	2017 年	都道府県	1935 年	2017 年
全国	2,190,704	946,065	三重県	37,796	12,663
北海道	109,941	34,040	滋賀県	21,305	11,598
青森県	41,046	8,035	京都府	44,449	18,521
岩手県	40,429	8,175	大阪府	105,202	66,602
宮城県	45,039	16,648	兵庫県	82,133	41,605
秋田県	41,722	5,396	奈良県	18,026	8,965
山形県	41,073	7,259	和歌山県	24,490	6,464
福島県	56,059	13,217	鳥取県	14,625	4,310
茨城県	53,532	20,431	島根県	24,019	5,109
栃木県	41,799	14,029	岡山県	38,499	14,910
群馬県	42,171	13,279	広島県	53,426	22,150
埼玉県	53,679	53,069	山口県	34,241	9,455
千葉県	50,917	44,054	徳島県	24,382	5,182
東京都	175,890	108,990	香川県	24,502	7,387
神奈川県	55,404	68,131	愛媛県	38,367	9,569
新潟県	71,303	14,967	高知県	20,867	4,837
富山県	27,737	7,178	福岡県	83,422	43,438
石川県	23,958	8,696	佐賀県	23,041	6,743
福井県	20,550	5,856	長崎県	41,373	10,558
山梨県	21,594	5,705	熊本県	43,424	14,657
長野県	53,314	14,519	大分県	32,262	8,658
岐阜県	41,446	14,039	宮崎県	28,450	8,797
静岡県	65,427	26,261	鹿児島県	52,386	13,209
愛知県	89,574	62,436	沖縄県	16,413	16,217

生数に関して都道府県による差がどのようになるかを考えてみよう。

例題 3.2 読み込んだデータから，1935 年と 2017 年のそれぞれにおいて，都道府県ごとの出生数の標準偏差を求めなさい。

解答 以下のコードを実行することで 1935 年と 2017 年の標準偏差が表示される。

コード 3.2 出生数の標準偏差 (コード 3.1 の後に実行すること)

```
1  std1935 = df["1935年"].std(ddof=0)
2  std2017 = df["2017年"].std(ddof=0)
3  print(f"1935年の標準偏差：{std1935:.0f}")
4  print(f"2017年の標準偏差：{std2017:.0f}")
```

都道府県ごとの出生数から得られる標準偏差 s は，1935 年には $s = 29{,}135$ 人，2017 年には $s = 21{,}180$ 人 であった。標準偏差は，1935 年に比べて 2017 年の方が小さくなっているということができる。標準偏差が小さくなっているということは，出生数に関して都道府県による差が，1935 年に比べて 2017 年の方が小さくなっているということだろうか？

もちろん，そのように考えることも可能である。しかし，別の考え方として，1935 年では全国での出生数が 2,190,704 人であるのに対して，2017 年では全国での出生数が 946,014 人となっており，出生数全体が小さくなったことから結果的に標準偏差も小さくなったと考えることもできるだろう。そのような，相対的な差という考え方から，比較を行ってみたい。

まず，それぞれの年において，都道府県ごとの出生数の平均を求めてみよう。

例題 3.3 読み込んだデータから，1935 年と 2017 年のそれぞれにおいて，都道府県ごとの出生数の平均を求めなさい。

解答 以下のコードを実行することで 1935 年と 2017 年の平均が表示される。

コード 3.3 出生数の平均 (コード 3.2 の後に実行すること)

```
1  mean1935 = df["1935年"].mean()
2  mean2017 = df["2017年"].mean()
3  print(f"1935年の平均：{mean1935:.0f}")
4  print(f"2017年の平均：{mean2017:.0f}")
```

都道府県ごとの出生数の平均 $\overline{x}$ は，1935 年には $\overline{x} = 46{,}611$ 人，2017 年には $\overline{x} = 20{,}128$ 人 であった。平均を比較することで，1935 年に比べて 2017 年の出生数全体が小さくなっていることが確認できた。

ここで，それぞれの年の平均に対して，標準偏差がどの程度の大きさを持っているかということを表す，**変動係数** (coefficient of variation) を考えてみよう。変動係数 CV は，標準偏差 s を平均 $\overline{x}$ で割った数として，以下のように定義される。

$$\text{変動係数 } CV = \frac{s}{\overline{x}} \tag{3.1}$$

例題 3.4 変数 `std1935` と `mean1935`，変数 `std2017` と `mean2017` を使って，1935 年と 2017 年のそれぞれにおいて，都道府県ごとの出生数の変動係数を求めなさい。

解答 以下のコードを実行することで1935年と2017年の変動係数が表示される。

コード3.4 出生数の変動係数（コード3.3の後に実行すること）

```
1  print(f"1935年の変動係数：{std1935/mean1935:.3f}")
2  print(f"2017年の変動係数：{std2017/mean2017:.3f}")
```

変動係数は，1935年には $CV = 0.625$，2017年には $CV = 1.052$，であった。すなわち，変動係数の大小から，2017年の方が1935年よりも，都道府県ごとの出生数の違いが相対的に大きいということができる。標準偏差の比較で考えたときとは，異なる結論が得られたわけである。

今回は，同質のデータについての比較を行うために変動係数を利用した。変動係数は，データの平均に対する標準偏差の大きさの程度を表しており，単位のない無名数である。そのため，もともとのデータの単位や，データの数が異なっていても相対的に比較することが可能な量である。

表3.2は，1935年と2017年のそれぞれにおける都道府県別の平均，標準偏差，変動係数をまとめたものである。

表3.2 2017年と1935年の都道府県別の出生数の平均，標準偏差，変動係数

統計量	2017年	1935年	単位
平均 $\bar{x}$	20,128	46,611	人
標準偏差 s	21,180	29,135	人
変動係数 CV	1.052	0.625	(なし)

変動係数を用いる際には，1つ注意しなくてはならない点がある。それは，データが比例尺度であるということである。標準偏差を平均で割るという求め方からわかるように，データの比例尺度であり，それによってデータの平均も比例尺度を表すものとなっていなくては，変動係数の意味を解釈することが困難である。

3.1.2 Zスコア

次に，1935年と2017年のそれぞれにおける，ある都道府県の値を比較するということを考えてみよう。たとえば，兵庫県の値を比較してみると，1935年には82,133人であり，2017年には41,605人であるということがわかる。おお

むね半分になっているということがわかるが，1935 年から 2017 年にかけて全国的に出生数が減少している中で，これらの値をどのように比較すればいいだろうか。

このようなデータの比較を行う際には，データの標準化が行われる。データの標準化とは，元のデータの位置とばらつきを調整したものである。**Z** スコアは，データの標準化の 1 つとしてよく知られている。

Z スコアは，それぞれのデータから平均 $\overline{x}$ を引き，標準偏差 s で割った数として，以下のように定義される。

$$z_i = \frac{x_i - \overline{x}}{s} \tag{3.2}$$

このように Z スコアに変換されたデータは，平均が 0，標準偏差が 1 となる。実際に平均 $\overline{z}$ と標準偏差 s_z を求めて確かめてみよう。

$$\overline{z} = \frac{1}{n}\sum_{i=1}^{n} z_i = \frac{1}{n}\sum_{i=1}^{n} \frac{x_i - \overline{x}}{s} \tag{3.3}$$

$$= \frac{1}{n}\frac{1}{s}\sum_{i=1}^{n}(x_i - \overline{x}) = 0 \tag{3.4}$$

$$s_z = \sqrt{\frac{1}{n}\sum_{i=1}^{n}(z_i - \overline{z})^2} = \sqrt{\frac{1}{n}\sum_{i=1}^{n} {z_i}^2} \tag{3.5}$$

$$= \sqrt{\frac{1}{n}\sum_{i=1}^{n}\frac{(x_i - \overline{x})^2}{s^2}} \tag{3.6}$$

$$= \frac{1}{s}\sqrt{\frac{1}{n}\sum_{i=1}^{n}(x_i - \overline{x})^2} = \frac{1}{s}s = 1 \tag{3.7}$$

Z スコアは，元のデータの位置とばらつきを調整したものであるため，1935 年の兵庫県の出生数と 2017 年の兵庫県の出生数を比較することができるようになる。実際にいくつかの都道府県について，Z スコアを求めてみよう。

例題 3.5　出生数についての兵庫県の 1935 年と 2017 年のそれぞれの Z スコアを求めなさい。なお，これまでに求めた，変数 `std1935` と `mean1935`，変数 `std2017` と `mean2017` を使うこと。

解答 以下のコードを実行することで兵庫県の 1935 年と 2017 年の Z スコアが表示される。

コード 3.5 出生数の Z スコア (コード 3.4 の後に実行すること)

```
x1935_hyogo = df.at["兵庫県", "1935年"]
z1935_hyogo = (x1935_hyogo - mean1935) / std1935
print(f"1935年の兵庫県の出生数のZ スコア :{z1935_hyogo:.2f}")

x2017_hyogo = df.at["兵庫県", "2017年"]
z2017_hyogo = (x2017_hyogo - mean2017) / std2017
print(f"2017年の兵庫県の出生数のZ スコア :{z2017_hyogo:.2f}")
```

表 3.3 は兵庫県を含むいくつかの都道府県についての出生数とその Z スコアを表している。兵庫県の Z スコアは 1935 年に 1.22, 2017 年に 1.01 であるということがわかる。これにより，全国における相対的な減少の度合いに対して，少し減少の度合いが大きいということがわかる。他の都道府県について見てみると，沖縄県では，実数としては減少しているが，相対的には減少の度合いは小さいということがわかる。

表 3.3 1935 年と 2017 年の都道府県別の出生数 (x_i) と Z スコア (z_i)

都道府県	1935 年		2017 年	
	x_i	z_i	x_i	z_i
北海道	109,941	2.17	34,040	0.66
東京都	175,890	4.44	108,990	4.20
神奈川県	55,404	0.30	68,131	2.27
兵庫県	82,133	1.22	41,605	1.01
鹿児島県	52,386	0.20	13,209	−0.33
沖縄県	16,413	−1.04	16,217	−0.18

3.1.3 偏 差 値

Z スコアは，平均を 0，標準偏差を 1 とする標準化であるのに対して，偏差値は平均を 50，標準偏差を 10 とする標準化である。偏差値は以下のように定義される。

$$T_i = 10z_i + 50 \tag{3.8}$$

偏差値は，学力試験の結果を比較するためにしばしば用いられる。下限や上限は定まっておらず，偏差値として負の値や 100 を越える値が出力されることもある。

例題 3.6 出生数についての兵庫県の 1935 年と 2017 年のそれぞれの偏差値を求めなさい。

解答 表 3.3 の Z スコアをもとにして計算を行うと，以下のように求められる。

$$偏差値^{1935年}_{兵庫県} \simeq 10 \cdot 1.22 + 50 = 62.2 \tag{3.9}$$

$$偏差値^{2017年}_{兵庫県} \simeq 10 \cdot 1.01 + 50 = 60.1 \tag{3.10}$$

プログラムでは，以下のコードを実行することで表示される。

コード 3.6 兵庫県の出生数の偏差値 (コード 3.5 の後に実行すること)

```
1  t1935_hyogo = z1935_hyogo * 10 + 50
2  print(f"1935年の兵庫県の出生数の偏差値：{t1935_hyogo:.1f}")
3
4  t2017_hyogo = z2017_hyogo * 10 + 50
5  print(f"2017年の兵庫県の出生数の偏差値：{t2017_hyogo:.1f}")
```

3.2 相 関

3.2.1 牛肉をよく買う地域では豚肉や鶏肉もよく買われるのか？

2 章では，降雨量などの 1 つの変量からなるデータに注目して，データを要約するための平均や分散，標準偏差などの指標を見てきたが，ここでは 2 つの変量の関係や，関係を要約するための指標を見てみよう。

日本の地域によって，牛肉の消費が多い，豚肉の消費が多いといった違いがあるといわれる。そこで，全国の地域の牛肉，豚肉，鶏肉の購入量のデータを使って，これら生鮮肉の購入量の間に，どのような関係があるかを見てみよう。たとえば，牛肉の購入量が多い地域では，豚肉や鶏肉の購入量は多いのだろうか，少ないのだろうか？

図 3.1 は，全国の 52 の都道府県庁所在市および政令指定都市の，2 人以上世

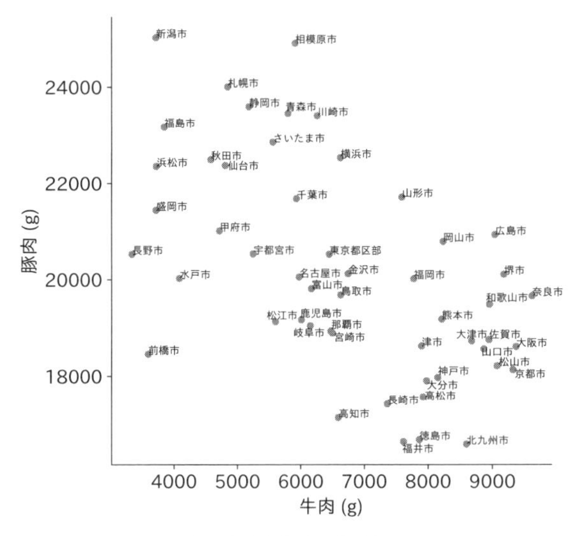

(a) 牛肉と豚肉の購入量

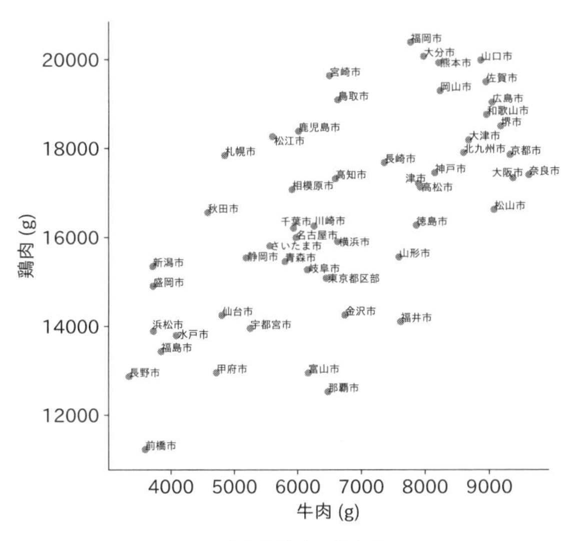

(b) 牛肉と鶏肉の購入量

図 3.1　全国 52 都市の 2 人以上世帯における世帯あたり年間の牛肉・豚肉・鶏肉購入量 (g) の散布図 (2015 年から 2019 年の 5 年平均)

帯における世帯あたりの牛肉，豚肉，鶏肉の年間購入量 (g) の散布図である [*1)]。まず，図 3.1a の牛肉と豚肉の購入量から見ていこう。各点が 52 の各都市であり，各点の x 座標は牛肉，y 座標は豚肉の世帯あたりの年間購入量 (g) を表している。この図から，牛肉の購入量が多いほど，豚肉の購入量は少ない傾向が見てとれる。一方，図 3.1b は牛肉と鶏肉の購入量の散布図であるが，牛肉の購入量が多い都市では，鶏肉の購入量も多い傾向がある。

一般に，2 つの変量の間で，一方が大きいときに他方が大きい (もしくは小さい) ような関係が見られる場合，2 つの変量に**相関**があるという。特に，一方の変量が大きいときに，他方の変量が大きい傾向がある場合は**正の相関**があるといい，一方が大きいときに他方が小さい傾向がある場合は**負の相関**があるという。図 3.1a では，一方の購入量が多いのに対し，他方の購入量が少ないため，2 つの購入量の間には負の相関が見られる。また，図 3.1b は，一方の購入量が多いのに対し，他方の購入量も多いため，2 つの購入量の間には正の相関が見られる。なお，どの地域でどのような傾向があり，どのような地域のグループに分けられるかについては 6 章で詳しく分析する。

このように，相関を調べるときはまず散布図を確認することが重要であるが，相関の強さを何らかの指標で表したい場合もある。次はこの指標について見ていこう。

3.2.2 相関係数と共分散

相関を表す指標に**相関係数**がある。その具体的な計算方法を説明するために，表 3.4 に示すような 5 人の学生の数学と物理の点数データを考えてみよう。散布図は図 3.2 のようになり，正の相関があると思われる。

表 3.4 5 人の学生の数学と物理の点数

学生番号 i	1	2	3	4	5	平均点
数学 (Math) x_i	80	46	30	47	72	55 ($\bar{x}$)
物理 (Physics) y_i	84	70	40	50	56	60 ($\bar{y}$)

*1) 総務省統計局の「家計調査」からのデータであり，一都市あたりの調査世帯数は 100 前後であるため，年によるばらつきを減らすために 2015 年から 2019 年の 5 年分のデータを平均している。「家計調査」データについては 4 章でも詳しく説明している。

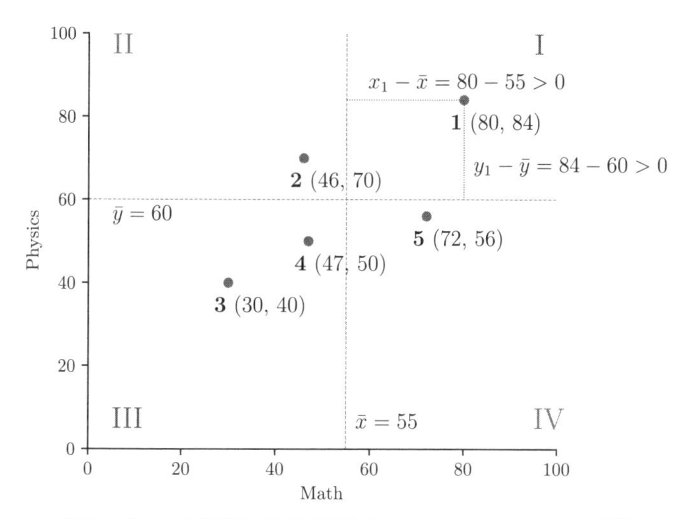

図 3.2　表 3.4 の散布図 (各点が点数データ) と $i = 1$ のデータの偏差

まず，学生 $i\,(i = 1, \ldots, 5)$ の数学の点を x_i，物理の点を y_i で表すものとする。すると，この点数データは，(x_i, y_i) のような 2 つの量の組を 5 人の学生分集めたもの，つまり $\{(x_i, y_i)\,|\,i = 1, \ldots, 5\}$ となる。学生の人数は実際にはいろいろであろうから，n という記号を使うことにする。このデータでは $n = 5$ である。数学の平均点は $\bar{x} = \frac{1}{n}\sum_{i=1}^{n} x_i = 60$，物理の平均点は $\bar{y} = \frac{1}{n}\sum_{i=1}^{n} y_i = 55$ であり，このとき，2 変量 x, y の相関係数は以下の式で定義される。

$$r_{xy} = \frac{\sum_{i=1}^{n}(x_i - \bar{x})(y_i - \bar{y})}{\sqrt{\sum_{i=1}^{n}(x_i - \bar{x})^2}\sqrt{\sum_{i=1}^{n}(y_i - \bar{y})^2} \tag{3.11}$$

この式の意味はあとで詳しく見ていくが，まずは実際に計算してみよう。

例題 3.7　表 3.4 における数学と物理の点の相関係数を式 (3.11) を用いて計算せよ。

解答　相関係数を小数点以下 2 桁まで計算すると $r_{xy} = 0.72$ となる。

例題 3.8　本書サポートサイトの牛肉，豚肉，鶏肉の都市別購入量データ (`city-meat.csv`) を読み込み，データの各組 (牛肉と豚肉，牛肉と鶏肉，牛肉と鶏肉) について相関係数を求めよ。

解答　pandas の DataFrame には `corr()` というメソッドがあり，すべての変量データ (DataFrame の列) の組み合わせについて一度に相関係数を計算することができる。

コード 3.7 pandas による相関係数の計算

```
import pandas as pd

df = pd.read_csv("city-meat.csv", encoding="Shift_JIS")
# print(df) # データを確認する場合はこの行頭のコメントを外すこと
corr_mat = df.corr()
print(corr_mat)
```

出力：

```
          牛肉        豚肉        鶏肉
牛肉  1.000000 -0.562883  0.668683
豚肉 -0.562883  1.000000 -0.252039
鶏肉  0.668683 -0.252039  1.000000
```

また，すべての組み合わせではなく，2 つの変量データ (列) の組だけを用いて計算するには SciPy の統計モジュール stats を利用できる。

コード 3.8 SciPy の stats による相関係数の計算 1

```
from scipy import stats

math = [80, 46, 30, 47, 72] # 数学の点数
physics = [84, 70, 40, 50, 56] # 物理の点数

corr, _ = stats.pearsonr(math, physics) # 数学と物理の相関係数
print(f"Pearson correlation = {corr:.2f}")
```

出力：

```
Pearson correlation = 0.72
```

式 (3.11) の相関係数は，後で述べるように正確にはピアソンの積率相関係数と呼ばれるため，pearsonr() という関数名になっている。これを使えば，コード 3.7 で牛肉と豚肉の相関係数だけを得るには以下のようにできる。

コード 3.9 SciPy の stats による相関係数の計算 2 (コード 3.7，3.8 の後に実行すること)

```
corr, _ = stats.pearsonr(df["牛肉"], df["豚肉"])
print(f"Pearson correlation = {corr:.2f}")
```

出力：

```
Pearson correlation = -0.56
```

相関係数は $-1 \leq r_{xy} \leq 1$ の範囲の値をとり，正の相関が強いほど 1，負の

相関が強いほど -1 に近くなる。特に，$r_{xy}=1\,(-1)$ のときを正 (負) の**完全相関** (データは直線上に乗る)，$r_{xy}=0$ のときを**無相関**という。

式 (3.11) の計算式をもう少し詳しく見てみよう。まず r_{xy} の符号を考える。分子に着目すると，$x_i-\bar{x}$ は，学生 i の数学の点 x_i が平均点 $\bar{x}$ からどれだけ偏差があるかを表している。また，$y_i-\bar{y}$ は物理の点の平均点からの偏差である。たとえば図 3.2 の右上の方に位置する学生 1 は，$x_1-\bar{x}=80-55=25>0$，$y_1-\bar{y}=84-60=16>0$ より，いずれの偏差も正であり，それらの積 $(x_1-\bar{x})(y_1-\bar{y})$ も正となる。一方で，左上の方に位置する学生 2 は，$x_2-\bar{x}<0$，$y_2-\bar{y}>0$ より，偏差の積 $(x_2-\bar{x})(y_2-\bar{y})$ は負となる。これらの $(x_i-\bar{x})(y_i-\bar{y})$ を**偏差積**と呼ぶ。偏差積は，図 3.2 の I や III の領域では正，II や IV の領域では負の値をとることがわかる。さて，式 (3.11) の分子は，これら偏差積を足し込んだ $Q_{xy}=\sum_{i=1}^{n}(x_i-\bar{x})(y_i-\bar{y})$ となっている。正の相関があるときは，領域 I や III における正の偏差積の和が，領域 II や IV における負の偏差積の和よりも大きく，$Q_{xy}>0$ となり，負の相関があるときは逆に領域 II や IV の点の偏差積が優位になり $Q_{xy}<0$ となる。分母はつねに正であるから，r_{xy} と Q_{xy} の符号は一致し，r_{xy} の符号は，相関の正負に対応することがわかる。

では，式 (3.11) の分母はどのような役割を果たすのであろうか。これは相関 r_{xy} の値の範囲に関係する。まず，偏差積の和 Q_{xy} は学生数 n に依存してしまうので，これを n で割っておこう。

$$s_{xy}=\frac{1}{n}\sum_{i=1}^{n}(x_i-\bar{x})(y_i-\bar{y}) \tag{3.12}$$

この s_{xy} は，2 変量 x,y の**共分散**と呼ばれ，相関係数と同様に 2 変量間の関係を表す重要な指標である。共分散 s_{xy} は 2 変量データの偏差積の平均値であり，n に依存して大きく (小さく) なることはないが，x や y のスケールには依存する。つまり，10 点満点のテストと 100 点満点のテストでは，共分散の値が大きく異なることになる [*2]。そこで，異なるスケールのデータでも同じ尺度で比較するためには，何らかの正規化が必要となる。実は，相関係数 r_{xy} は共分散 s_{xy} に対してこの正規化を行ったものになっている。

[*2] 単位にも依存する。たとえば図 3.1 の購入量の単位を g から kg にすれば，同じデータでも共分散は小さくなる。

これを具体的に見るために，式 (3.11) を以下のように変形しよう。

$$r_{xy} = \frac{\frac{1}{n}\sum_{i=1}^{n}(x_i - \bar{x})(y_i - \bar{y})}{\sqrt{\frac{1}{n}\sum_{i=1}^{n}(x_i - \bar{x})^2}\sqrt{\frac{1}{n}\sum_{i=1}^{n}(y_i - \bar{y})^2}} = \frac{s_{xy}}{s_x s_y} \tag{3.13}$$

ここで，s_x と s_y はそれぞれ x と y の標準偏差である。3.1.2 項の「標準化」では，値を標準偏差で割ることで，スケールに依存しない正規化を行うことができることを見たが，相関係数 r_{xy} は共分散 s_{xy} を x, y それぞれの標準偏差で割った形になっている。これをさらに以下のように変形してみよう。

$$r_{xy} = \frac{\frac{1}{n}\sum_{i=1}^{n}(x_i - \bar{x})(y_i - \bar{y})}{s_x s_y} = \frac{1}{n}\sum_{i=1}^{n}\left(\frac{x_i - \bar{x}}{s_x}\right)\left(\frac{y_i - \bar{y}}{s_y}\right) \tag{3.14}$$

すると，相関係数 r_{xy} は，x_i と y_i の Z スコアの積を $i = 1, \ldots, n$ について平均したものであることがわかる (この形で相関係数を定義することもある)[*3)]。

以下 3.2.3 項から 3.2.5 項では，気温とお菓子の支出金額の相関を例に，さまざまなデータの相関係数を見ながら注意点について見ていく。

3.2.3　相関関係と因果関係

図 3.3 は，10 年間 (120 か月) の各月における，各日の最高気温の月平均 (ここでは東京の気温で代表させている) と，各お菓子に対する世帯あたりの支出金額 (2 人以上世帯の全国平均。月による日数の違いがあるため 1 日あたりの金額としている) の関係を，それぞれのお菓子の種類ごとに散布図で示したものである。図 3.3a からわかるように，まんじゅうの支出金額は気温とは関係がなさそう (相関係数は −0.12) である。一方，図 3.3b や図 3.3c のように，キャンデーやチョコレート菓子は気温と負の相関があり，また図 3.3d より，アイスクリーム・シャーベットは気温と正の相関がある。つまり，気温が高くなるほどキャンデーやチョコレート菓子の支出金額は低く，アイスクリーム・シャーベットの支出金額は高くなる。

---

*3)　$|r_{xy}| \leq 1$ の証明はコーシー・シュワルツの不等式やベクトルの内積を用いるものがよく知られているが，この式から示すこともできる。x_i と y_i の Z スコアをそれぞれ z_i，w_i として，$\frac{1}{n}\sum_{i=1}^{n}(z_i \pm w_i)^2 \geq 0$，$\frac{1}{n}\sum_{i=1}^{n} z_i w_i = r_{xy}$ と，$\frac{1}{n}\sum_{i=1}^{n} z_i^2 = \frac{1}{n}\sum_{i=1}^{n} w_i^2 = 1$ (Z スコアの平均は 0，分散は 1) を用いる。たとえば $r_{xy} = 1$ (正の完全相関) となるのはすべての i について $z_i = w_i$ のときであり，元のデータ (x_i, y_i) は傾きが正の直線上に乗る。

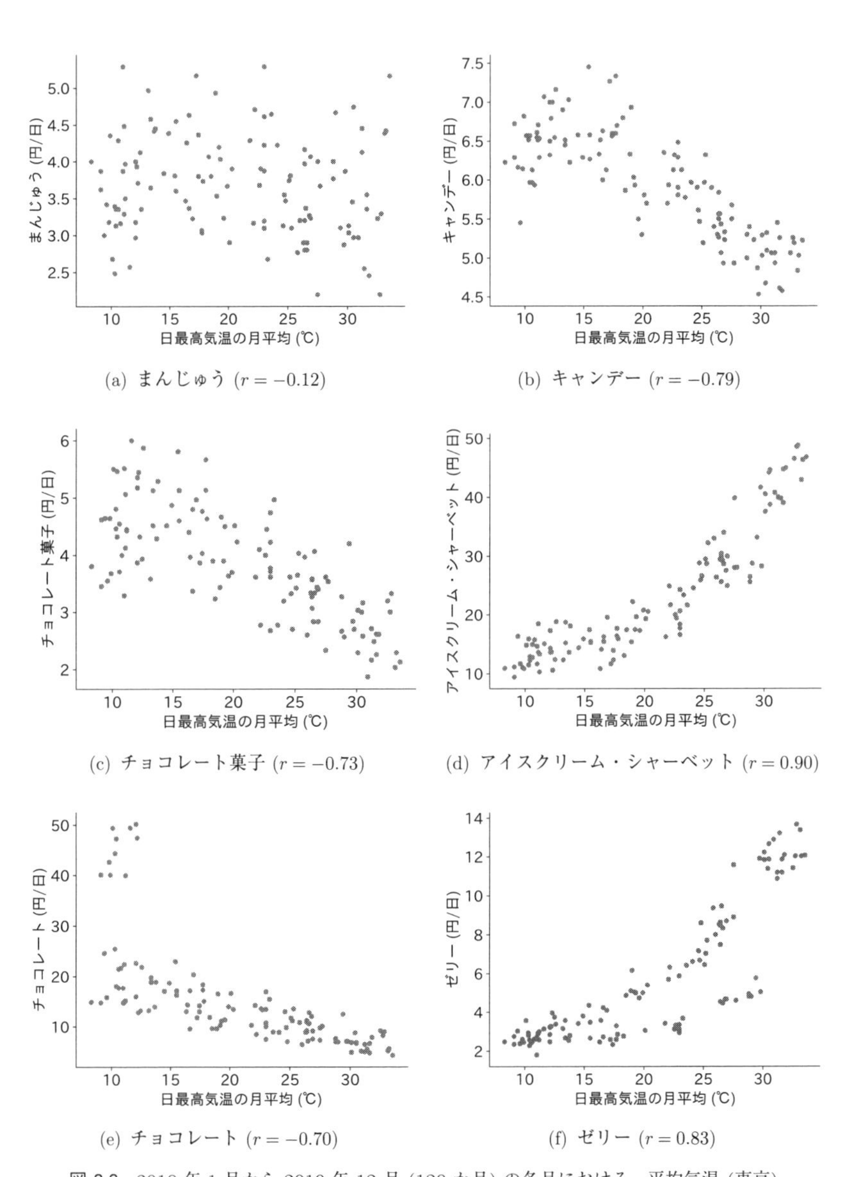

(a) まんじゅう $(r = -0.12)$

(b) キャンデー $(r = -0.79)$

(c) チョコレート菓子 $(r = -0.73)$

(d) アイスクリーム・シャーベット $(r = 0.90)$

(e) チョコレート $(r = -0.70)$

(f) ゼリー $(r = 0.83)$

図 3.3　2010 年 1 月から 2019 年 12 月 (120 か月) の各月における，平均気温 (東京) とお菓子の支出金額 (全国) の散布図。「チョコレート菓子」と「チョコレート」は別の品目であることに注意。

特に注意しなければならないのは (そしてしばしば混同されるのは),「相関関係があるからといって因果関係がいえたことにはならない」という点である。気温とお菓子の購入であれば，気温が原因となって「暑いから冷たいものを買おう」,「溶けるからキャンデーはやめよう」といった理由から購買行動が変わった可能性もあるが，一般に相関とは，2つの変量を対等に見るものであり，相関が強いからといって，一方の変量が原因，他方が結果であるといった因果関係まではいえない。

x が y の (もしくは y が x の) の原因ではないにも関わらず，第3の隠れた変数 (変量) が2変量 x と y のどちらにも影響しているために，x と y に相関が生じることがあり，このような相関は**見かけ上の相関**や**疑似相関 (偽相関)** と呼ばれる。図3.4aはキャンデーとチョコレート菓子の支出金額の散布図であるが，相関係数は0.75であり正の相関が見られる。だからといって，キャンデーを購入することがチョコレート菓子が購入されることの原因になっているとはいえない。もし，気温がお菓子の支出金額に直接影響していると仮定するならば，変量間の関係は図3.4bのようになり，気温という第3の変量が介在して，見かけ上の相関が生じている [*4]。

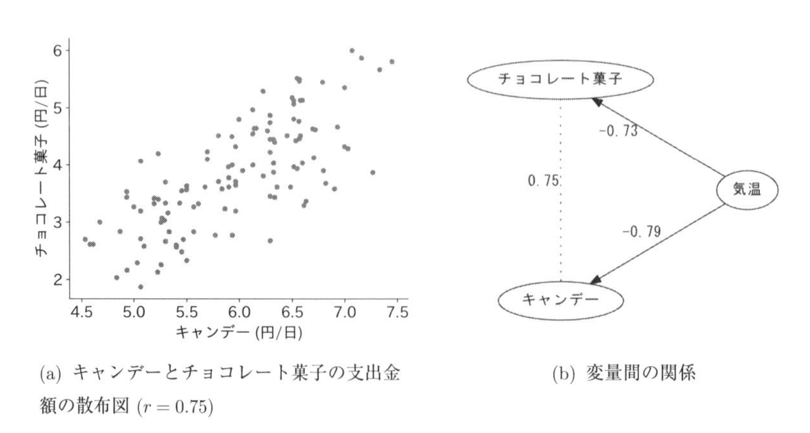

(a) キャンデーとチョコレート菓子の支出金額の散布図 ($r = 0.75$)　(b) 変量間の関係

図 3.4　キャンデーとチョコレート菓子の支出金額における見かけ上の相関

[*4] このような相関を扱うには「偏相関」や「偏相関係数」を用いることができるが，本書の範囲を越えるため，興味のある読者は調べてみるとよい。

例題 3.9　3.2.1 項の牛肉と鶏肉の購入量には正の相関があったが，牛肉をよく買うことが，鶏肉の購入量に影響しているといえるであろうか？

解答　相関だけではこのような因果関係まではいいきれない。地域によって，牛肉と鶏肉の購入量をともに大きくする第 3 の原因があるとも考えられる。

相関関係が 2 変量を対等に扱うのに対し，ある変量を別の変量 (一般には複数の変量) で説明しようとする分析に回帰分析があり，5 章で詳しく説明する。

3.2.4　データがグループに分かれる場合

2 変量間の関係を調べるには，相関係数だけではなく散布図を確認することも非常に重要である。図 3.3 に戻ってこれを見てみよう。図 3.3e (チョコレート) の相関係数は −0.70 だが，図 3.3c (チョコレート菓子) の −0.73 よりも気温との関係 (負の相関) は弱いといってよいだろうか。

例題 3.10　図 3.3e の散布図をよく見ると，データの点が 2 つのまとまりに分かれていることがわかる。この理由を考察せよ。

解答　図 3.3 の散布図の各点はそれぞれ「月」であるが，特定の月に支出金額が偏っている可能性がある。点を「月」のラベルにした散布図を図 3.5a に示す。これより，2 月は特にチョコレートの支出金額が高いことがわかる。なお，この 2 月のデータを除外して相関係数を計算すると −0.83 であり，チョコレート菓子よりも気温との関係 (負の相関) は強い。

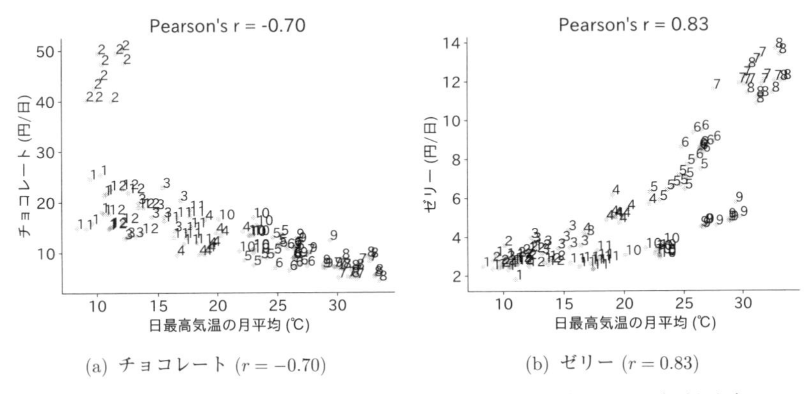

(a) チョコレート ($r = -0.70$)　(b) ゼリー ($r = 0.83$)

図 3.5　図 3.3 のチョコレートとゼリーの散布図について「月」のラベルを示したもの

同様のことが図 3.3f (ゼリー，相関係数 0.83) でもいえる。図 3.5b に示すように，特に 9 月から 12 月は，支出金額が 3 月から 8 月に比べて低くなる傾向が見られ，月をいくつかのグループ (層) に分けて分析する必要性がある。そのような分析を**層別分析**と呼ぶ。

3.2.5 直線的ではないような相関関係

3.2.2 項の式 (3.11) で表される相関係数は，2 変量の間の直線的な関係を仮定している。しかし，図 3.3d (アイスクリーム・シャーベット) の散布図をよく見ると，気温と支出金額の関係は，直線というよりやや曲線になっていることがわかる。このような場合には別の相関係数を用いることが考えられる。

式 (3.11) で定義された相関係数は，正確には**ピアソンの積率相関係数**という名前であるが，普段「相関係数」といえばこれを指す。一方で，**スピアマンの順位相関係数**と呼ばれる相関係数がある。これは，元の (x_i, y_i) という変量の数値そのものではなく，x, y それぞれの変量における順位にしておき，この順位データに対してピアソンの積率相関係数を計算したものである [*5)]。2 変量間に，直線的ではない (非線形である) が単調な関係がある場合や，順位データのみが与えられた場合にも適用できるという特徴を持つ。

図 3.3d (アイスクリーム・シャーベット) の場合，ピアソンの積率相関係数 $r_{xy} = 0.90$ に対し，スピアマンの順位相関係数は 0.92 と，少し値が大きくなる。このデータでは直線に近いため両者の差は小さいが，より直線から離れた関係 (非線形な関係) の場合，スピアマンの順位相関係数の方がピアソンの積率相関係数よりも関係の強さをうまく数値化できることが多い。

例題 3.11 表 3.4 の点数を各科目における順位に変換し，式 (3.11) を用いてスピアマンの順位相関係数を計算せよ。

解答 表 3.4 を順位に変換したものを，元のデータとともに表 3.5 に示す。たとえば，学生 1 はいずれの科目でも最も高い点であるため，順位はいずれも 1 となる。表の「数学順位 x'_i」と「物理順位 y'_i」に対してスピアマンの順位相関係数を得るには，(x'_i, y'_i) を改めて 2 変量だと考えて式 (3.11) の相関係数を計算すればよ

*5) 同順の場合は，2 位と 3 位に 2.5 位 (平均順位) を与えるなど，一定の方法で修正を行う。

い。このデータでは2変量は直線的な関係に近いため，スピアマンの順位相関係数は0.70となり，ピアソンの積率相関係数 $r_{xy} = 0.72$ と大きく変わらない。

表3.5　5人の学生の数学と物理の点数

学生番号 i	1	2	3	4	5
数学 (Math) x_i	80	46	30	47	72
数学順位 x'_i	1	4	5	3	2
物理 (Physics) y_i	84	70	40	50	56
物理順位 y'_i	1	2	5	4	3

例題3.12　表3.4の点数からPythonを用いてスピアマンの順位相関係数を求めよ。

解答　コード3.8の `pearsonr` となっている部分を以下のように変えることで，スピアマンの順位相関係数を計算できる。この関数に渡すデータは，順位ではなく元のデータであることに注意しよう。

コード3.10　SciPyのstatsによるスピアマンの順位相関係数の計算

```
6  corr, _ = stats.spearmanr(math, physics)
7  print(f"Spearman correlation = {corr:.2f}")
```

出力：

```
Spearman correlation = 0.70
```

なお，pandasを用いてスピアマンの順位相関係数を計算するには，コード3.7の `corr()` を `corr(method="spearman")` に変えればよい。

スピアマンの順位相関係数であっても，非単調な関係はとらえることが難しい。たとえば2変量データ $(-2,4),(-1,1),(0,0),(1,1),(2,4)$ には $y = x^2$ のような関係があるが，ピアソンの積率相関係数とスピアマンの順位相関係数の値はいずれも0となる。このように，相関係数を計算する場合は，単に相関係数の値だけを見るのではなく，その元となるデータを散布図などでよく確認するステップを入れることが重要となる[*6)]。

*6)　Wikipediaの「相関係数」もしくは「Pearson correlation coefficient」の項目には，相関係数は0だが2変量間に非線形な関係があるような，さまざまな散布図の例が掲載されている。

3.2.6 散布図行列

データの項目 (変量，列の数) が多い場合は，一度に 3 つ以上の変量間の散布図を表示することが便利であり，このような場合には**散布図行列**と呼ばれる表示方法がよく用いられる。散布図行列はすべての変量データ対 (ペア) の散布図をまとめて 2 次元的に配置して表示するものであり，ペアプロットと呼ばれることもある。

例題 3.13　牛肉，豚肉，鶏肉の都市別購入量のデータから散布図行列を作成せよ。

解答　pandas では散布図行列の表示に `scatter_matrix()` という関数を用いることができる。また，seaborn という可視化ライブラリの `pairplot()` は，見やすい散布図行列を簡単に表示できるため，こちらが用いられることも多い。

コード 3.11　pandas と seaborn による散布図行列の表示

```
1  import pandas as pd
2  import matplotlib.pyplot as plt
3  import japanize_matplotlib # 日本語フォントを設定済みであれば不要
4  import seaborn as sns # seaborn の pairplot を利用する場合
5
6  df = pd.read_csv("city-meat.csv", encoding="Shift_JIS")
7
8  pd.plotting.scatter_matrix(df, figsize=(8, 8)) # pandas 利用
9  plt.show()
10
11 sns.pairplot(df) # seaborn 利用
12 plt.show()
```

上のコードは 2 通りの方法で散布図行列を表示しており，このうち `sns.pairplot()` の表示結果は図 3.6 のようになる。

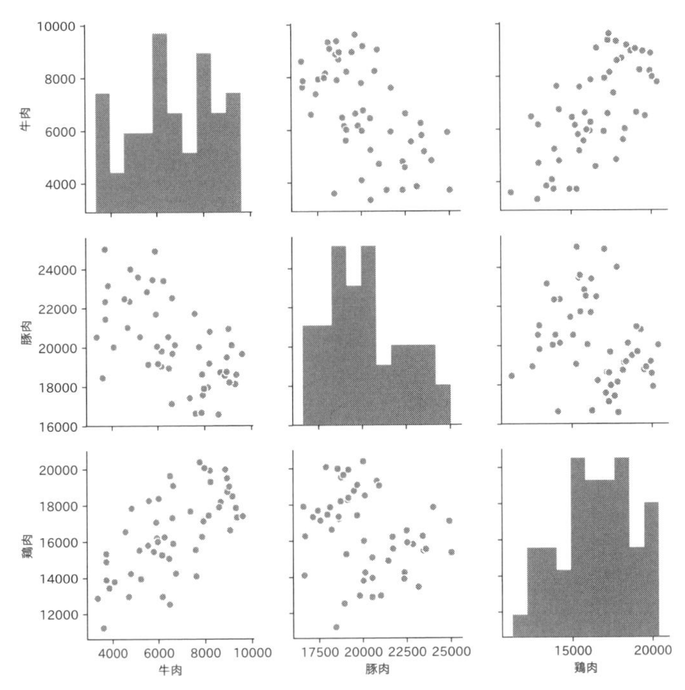

図 3.6　seaborn の pairplot() を用いた散布図行列の表示例 (単位は g)

散布図行列では，i 行 j 列の部分に変量データ i と変量データ j の散布図が配置される。対角線を挟んで対称の位置 (j 行 i 列) は i 行 j 列と同じ散布図だが，縦軸と横軸が逆になる。たとえば，1 行 2 列目では縦軸が「牛肉」で横軸が「豚肉」だが，2 行 1 列目では縦軸が「豚肉」で横軸が「牛肉」になっていることがわかるだろう。また，散布図行列の対角位置 i 行 i 列には，変量データ i のヒストグラムを表示することが多い。たとえば図 3.6 の 1 行 1 列目は，牛肉データのヒストグラムである。

繰り返しになるが，データの関係性を調べる際には，相関係数だけでなく散布図を見て，どのような関係性があるか (たとえば関係性は直線的か，いくつかのグループに分かれるか，外れ値はないかなど) を検討することが大切である。データの項目数が多い場合でも，散布図行列であれば複数の散布図を一括して簡単に表示できるため，気軽に利用してデータをよく確認しよう。

章末問題

(1) 表 3.1 から，1935 年と 2017 年のそれぞれの年における鹿児島県の出生数の Z スコアを求めなさい。また，求められた Z スコアをもとに考察を行いなさい。

(2) 本書サポートサイトの各月における気温とお菓子の支出金額のデータ (`sweets-temp.csv`) を用いて，気温とそれぞれのお菓子にどのような関係があるか，相関係数や散布図を用いて調べてみよ。たとえば「ケーキ」や「ようかん」の支出金額は，気温とどのような関係があるだろうか？ 相関の正・負や，特定月の偏りが見られれば，その原因を考察せよ。

Chapter 4

より高度な分析1：日本人の米離れは本当か？

あなたは「日本人は米を食べなくなった。」という話を耳にしたことはないだろうか。この話は，1960年頃と比べて近年の米の年間消費量が半分程度になっていることなどから，農林水産省の議題やニュースで取り上げられている。この現象は「米離れ」と呼ばれており，食生活の変化による生活習慣病や食品のロス，食料の自給に関連する問題として扱われている。実際，あなた自身や家族などの身の回りでも米離れは起きているだろうか。朝食はいつもパンを食べる，ダイエットのために炭水化物をとらない，という人もいると思われる。一方では，昔から米を欠かさず食べている，という人もいるはずである。もし米離れが起きていることを示すように指示を受けたとしたら，あなたはどうすればよいだろうか。

本章では，データ分析を通じて，米離れが起きていることを示すことを試みる。具体的には，総務省統計局が公開している家計調査年報データを時系列分析して，近年の米の支出金額が減少傾向にあることを示す。

4.1 オープンデータを使ってみよう

オープンデータは誰でも利用できる公開されたデータである。本章の分析では，オープンデータである家計調査年報データを用いる。家計調査とは，総務省統計局が実施している，家計の支出・収入，貯蓄・負債などを調査するものである。家計調査は日本全国で約9,000世帯を対象に毎月実施されている。1年ごとに毎月の調査結果を集計したデータが家計調査年報データである。このデータは毎年の世帯ごとの所得や支出金額の変化の実態把握のために利用されている。また，家計調査年報データは国民の消費傾向やニーズを調査するなどの企業戦略に利用することもできる。家計調査年報データには米だけでなく食料に関するさまざまな項目の支出金額が含まれている。本章は家計調査年報データを米離れが起きているかどうか調べるための分析に用いる。

家計調査年報データは総務省統計局のサイト *1) から参照できる。本章の分析で使用するデータセット *2) は，e-Stat*3) において政府統計名が「家計調査」，提供分類 2 が「二人以上の世帯」，提供分類 3 が「詳細結果表」，期間が「年次」のデータセットの Excel ファイルをダウンロードし，使用するデータを抽出，および加工したものである。分析対象とする世帯として，米離れと深くかかわる消費は家庭における消費であることから，「二人以上の世帯」を選択した。調査年月については，近年の支出金額の経年変化を把握するために 2008 年から 2018 年までの 11 年間のデータを選択した。ダウンロードした Excel ファイルでは，食料や光熱費などさまざまな項目に分けて支出金額が掲載されている。この支出金額は 1 世帯あたりの 1 か月間の支出金額 (単位：円) であり，全国平均だけでなく，地方や都道府県所在地ごとに集計した値が掲載されている。

本章の分析では，日本全国の米の消費傾向を調べるために全国の食料に関する項目の支出金額を取り出して用いる *4)。具体的には，2008 年から 2017 年までのファイルでは N31:P71 の範囲のセル，2018 年のファイルでは N30:P70 の範囲のセルの値を取り出して，空白列の削除や細分化された項目の支出金額の行の抽出を行った。Python の pandas ライブラリを使って，家計調査年報データの読み込みをコード 4.1 に，本章の分析で使用するデータの一部 (コード 4.1 の 3 行目を実行して先頭から 12 行のデータを出力) を表 4.1 に示す。

コード 4.1 家計調査年報の読み込み

```
1  import pandas as pd # 表形式のデータを扱うために pandas を使用する
2  kakei = pd.read_csv("kakei.csv", encoding="Shift_JIS") # 家計調査年報
       データを読み込む
3  kakei.head(12) # 読み込んだデータの先頭から 12行を表示
```

ここで，収支分類区分 1～3 は図 4.1 に示す構造に従って食料を細分化したもの

*1) http://www.stat.go.jp/data/kakei/npsf.html

*2) kakei.csv

*3) https://www.e-stat.go.jp/

*4) 本章の分析では，単位の異なる項目の比較を行うため，支出金額を用いることとした。単一項目や同じ単位の項目の比較を行う際は，家計調査の購入数量を使って分析することが可能である。

表 4.1　本章の分析で使用する家計調査年報データ (一部抜粋)

	調査年	世帯分類区分	地域分類区分	収支分類区分1	収支分類区分2	収支分類区分3	消費支出
0	2008	二人以上の世帯	全国	食料	乳卵類	乳製品	1139
1	2009	二人以上の世帯	全国	食料	乳卵類	乳製品	1190
2	2010	二人以上の世帯	全国	食料	乳卵類	乳製品	1214
3	2011	二人以上の世帯	全国	食料	乳卵類	乳製品	1240
4	2012	二人以上の世帯	全国	食料	乳卵類	乳製品	1379
5	2013	二人以上の世帯	全国	食料	乳卵類	乳製品	1428
6	2014	二人以上の世帯	全国	食料	乳卵類	乳製品	1512
7	2015	二人以上の世帯	全国	食料	乳卵類	乳製品	1582
8	2016	二人以上の世帯	全国	食料	乳卵類	乳製品	1728
9	2017	二人以上の世帯	全国	食料	乳卵類	乳製品	1743
10	2018	二人以上の世帯	全国	食料	乳卵類	乳製品	1762
11	2008	二人以上の世帯	全国	食料	乳卵類	卵	724

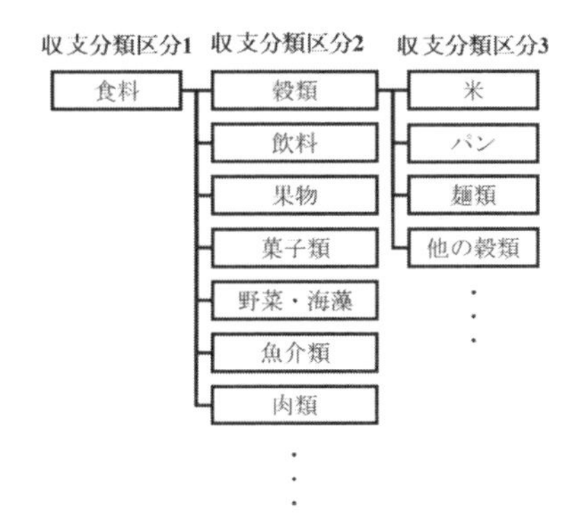

図 4.1　収支分類区分の構造

である。表 4.1 に示すデータでは，収支分類区分 3 の単位まで細分化した支出金額のみが含まれている [*5]。たとえば，ある調査年の収支分類区分 2 が「乳卵類」の行をすべて足し合わせることで，その年の乳卵類の支出金額を求めることができる。また，ある調査年のすべての値を合計することでその年の食料

[*5] 「菓子類」と「酒類」は収支分類区分 3 まで細分化されたデータがなかったため，収支分類区分 2 の数値を細分化せずに使用する。また，収支分類区分 3 が「麺類」のデータは，2008 年から 2014 年まで「めん類」と表記されていたため，すべての期間で漢字表記に統一した。

の支出金額となる。なお，表中の世帯分類区分と地域分類区分の列の値はそれぞれ「二人以上の世帯」と「全国」であるが，元のデータからどのような値を取り出したのか再確認できるようにするためにデータセットに含めている。

4.2 米の支出金額は減少しているの？

米離れが起きているのか，家計調査年報データの分析を通して数字で示すことを試みる。本章では，データ分析の初学者がこの分析に取り組むことを想定して，2 段階に分けて分析を行う。まず，a. 米の支出金額のみに注目して，その経年変化を分析する。次に，b. 米に関連する収支分類区分の支出金額の経年変化も調べ，米の支出金額と比較する。実際には b. のように複数の項目で比較することを事前に検討して分析することが一般的である。しかしながら，初学者は a. のように分析対象のみに注目して分析してしまう傾向がある。したがって，本章はケース a. の不十分な点を指摘した上で，ケース b. を行う。

■ a. 他項目と比較しないケース：米の支出金額の時系列分析　このケースの分析は，米を他項目と比較しないため分析結果の正当性を十分に示すことができないが，ある項目の時系列分析の基礎となる重要なものである。したがって，このケースを通じて，米の支出金額の経年変化を対象とする基礎分析を紹介する。

データ分析を始める前に，分析の設計を行う。つまり，分析における仮説や目的を明確にすることを試みる。まず考えるべきことは，「“米離れ” を家計調査年報データでどのように示すことができるか」である。本章の冒頭で述べたように，米離れとは「以前よりも米を食べなくなった」という現象である。「米を食べなくなった」ということは，「米の支出金額が減少した」ととらえることができる。したがって，米離れが起きているとしたら，家計調査年報データでは次のことが成り立つという仮説を考える。

仮説：米の支出金額が以前と比べて減少している

具体的には，「以前」の期間へ本章の分析で用いるデータの期間を当てはめて，最新の時点である 2018 年頃の米の支出金額が 2008 年頃と比べて減少していれば，米離れが起きているものと考える。したがって，2008 年から 2018 年までの 11 年間における米の支出金額の経年変化を分析する。

分析では，最初から米の支出金額の経年変化を調べるのではなく，先に米の支出金額の要約統計量やデータの分布を調べる。これは，分析に用いるデータを把握し，分析結果の誤った解釈を防ぐためである。まず，家計調査年報データから米の支出金額のみを選択し，その要約統計量の出力をコード 4.2 に，出力結果を整えたものを表 4.2 に示す。

コード 4.2　米の支出金額の要約統計量の出力

```
1  import pandas as pd
2  kakei = pd.read_csv("kakei.csv", encoding="Shift_JIS")
3
4  # 米の支出金額の行を選択する
5  rice = kakei[kakei["収支分類区分 3"] == "米"]
6  #print(rice) # 選択したデータの確認時はコメントアウトを外すこと
7
8  # 要約統計量を出力する
9  rice.loc[:, "支出金額"].describe()
```

表 4.2　米の支出金額の要約統計量

指標	値
データの個数	11
平均	2129.2727
標準偏差	233.6973
最小値	1822
中央値 (50%)	2193
最大値	2485

次に，件数は少ないが米の支出金額の分布をグラフで確認する。コード 4.3 は米の支出金額の範囲に合わせて各区間に該当する範囲を均等に分割したヒストグラムを描画するコードである。具体的には，5 行目の bins に設定した値がデータを分割する区間数 (コード 4.3 では 5 区間に設定) である。データを 5 区間に分割して描画したヒストグラムを図 4.2 に示す [*6)]。

*6)　本章の図の軸名ラベルは，プログラムで作成したグラフに対してテキストボックスで記述して，文字の大きさを調整したものである。

コード 4.3　米の支出金額の分布 (コード 4.2 の後に実行すること)

```
1  import matplotlib.pyplot as plt # グラフを作成するために matplotlib を
       使用する
2  import japanize_matplotlib
3
4  # データの分布として支出金額のヒストグラムを描画する
5  plt.hist(rice["支出金額"], bins=5, rwidth=0.9) # bins は分布のグループ
       数、rwidth は棒の横幅
6  plt.title("米の支出金額のヒストグラム")
7  plt.xlabel("支出金額 (円)")
8  plt.ylabel("度数")
9  plt.show()
```

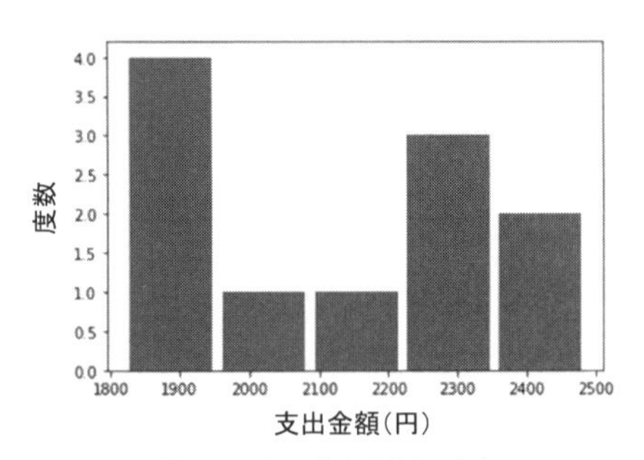

図 4.2　米の支出金額の分布

米の支出金額の平均値と中央値はともに 2100 円から 2200 円の範囲であるが，図 4.2 からこの範囲に該当するデータが少ないことがわかる。つまり，米の支出金額のデータは平均値，および中央値より大きい範囲と小さい範囲の両方に分布していることから，分析対象とする期間中に支出金額が比較的大きい期間と小さい期間の両方が含まれていると考えられる。

米の支出金額を時系列に並べたグラフを図 4.3 に示す。この図はコード 4.4 を実行して出力されたものである。

コード 4.4　米の支出金額の経年変化のグラフ描画 (コード 4.3 の後に実行すること)

```
1  plt.plot(rice["調査年"], rice["支出金額"], marker="o")
2  plt.title("各年の米の支出金額")
3  plt.xlabel("年")
4  plt.ylabel("支出金額 (円)")
5  y_max = max(rice["支出金額"])
```

```
6   plt.ylim(0, y_max * 1.1)
7   plt.show()
```

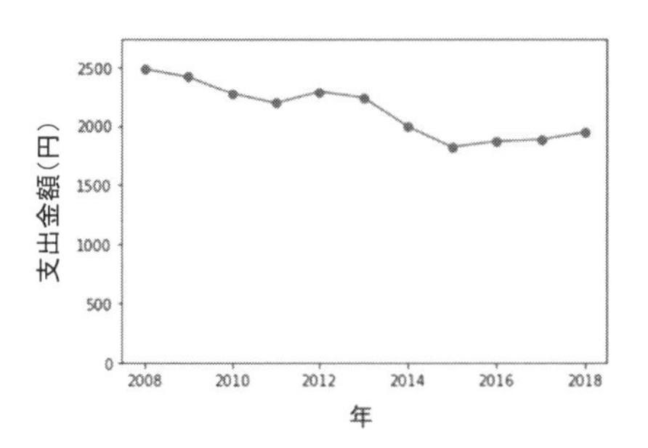

図 4.3 米の支出金額の経年変化

本章の基礎分析では，グラフに描画するデータの値がすべて 0 以上なら，コード 4.4 の 6 行目のように縦軸の範囲の最小値を必ず 0 に設定した [*7)]。これは，データ全体のスケールを把握して値の変化を理解するためである [*8)]。図 4.3 より，2008 年以降，米の支出金額は減少傾向にあることがわかる。経年変化の程度を抽出するために，本章の分析では，前年からの変化率を用いる。調査年 t における支出金額を x_t としたとき，変化率は次の式で求められる。

$$
\text{変化率}_t(\%) = \left(\frac{x_t}{x_{t-1}} - 1 \right) \times 100
$$

経年変化の程度は前年の支出金額との差で求めることもできるが，変化率は各年の支出金額のスケールの差に依存しない値を抽出することができる。

本章の分析では，家計調査年報データを pandas ライブラリの DataFrame 型で扱っている。pandas ライブラリでは，`pct_change` 関数で変化率を求めることができる。変化率の計算，およびグラフ描画のコードはコード 4.5 であり，その実行結果として出力された米の支出金額の変化率の経年変化を図 4.4 に示す。なお，`pct_change` 関数で計算した変化率の単位を％とするために，コード 4.5 の 5 行目で 100 倍してグラフの描画に用いている。

---

*7) 表計算ソフトやプログラムによる描画は，データの値の範囲が小さいとき，縦軸の最小値を自動的にデータの範囲に合わせることがある。

*8) 基礎分析において縦軸の範囲を見落した場合，数値のわずかな変化を大きな変化と誤って読み取ってしまうおそれがある。

コード 4.5 米の支出金額の変化率の計算 (コード 4.4 の後に実行すること)

```
# 変化率の計算結果の表示
print(rice["支出金額"].pct_change())

# 変化率のグラフを描画する
plt.plot(rice["調査年"], rice["支出金額"].pct_change() * 100, marker="
    o")
plt.title("各年の米の支出金額の変化率")
plt.xlabel("年")
plt.ylabel("支出金額の変化率 (%)")
plt.axhline(0, color="black") # 変化率が 0 の位置に水平線を描画
plt.show()
```

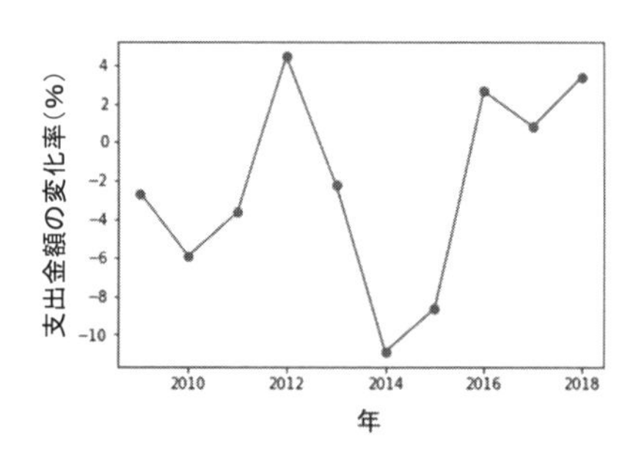

図 4.4 米の支出金額の変化率

図 4.4 より，米の支出金額は 2014 年からの 2 年間で大きく減少し，その後は大きく変化していないことがわかる。これらの結果から，分析の仮説のように，2018 年における米の支出金額は 2008 年頃と比べて減少傾向にあることを示すことができた。しかしながら，これで「米離れ」が起きているといえるのだろうか。たとえば,「食料全体に対する支出金額が全体的に減少しているのではないか？」,「米やパンなどの主食に対する支出金額が減少傾向にある可能性はないか？」という疑問に対して，この分析の結果だけでは答えることができない。食料全体や主食に対する支出金額の減少が同時に起きている場合，生じている現象を「米離れ」とはいえない。したがって，この分析だけで「米離れ」が起きていることを示すには不十分である。

■ **b. 他項目との比較を行うケース：米と他の項目との支出金額の傾向比較**

ケース a. の分析では，米の支出金額の減少のみに着目していたため,「米離れ」

が起きていることを示すために十分な結果を得ることができなかった。これに対して，本ケースでは，米の支出金額に関連する項目との比較を考慮して，分析の仮説を再検討する。

家計調査年報データには，米以外に多種の食料に対する支出金額が含まれている。米は図 4.1 に示したように，「食料」の「穀類」を細分化した項目である。つまり，「食料」と「穀類」の支出金額は「米」の支出金額と関係がある。たとえば，米の支出金額が増加すれば，「穀類」の支出金額が増加するとともに，「食料」の支出金額も増加する。また，食料品の値上げによる「食料」の支出金額の減少は，「米」を含む「食料」に関連する全項目の支出金額の減少から生じる。「米離れ」は，他の項目の影響ではなく，米の支出金額自体の減少から生じたものである。したがって，このケースでは次の仮説に基づいて分析を行う。

仮説①：米の支出金額の減少傾向は食料と穀類の減少傾向よりも大きい

仮説②：食料と穀類の支出金額の減少量が米の支出金額の減少量と等しい

ここで，仮説②は米の支出金額のみが減少する特殊なケースであるため，先に仮説①に関する分析を行う。つまり，ケース a. で行った時系列分析を米だけでなく，食料と穀類に対しても行い，それらの結果を比較する。

食料と穀類の時系列分析を行う前に，家計調査年報データを集計してそれぞれの支出金額を計算する。食料の集計処理をコード 4.6 に，穀類の集計処理を 4.7 に示す。

コード 4.6 食料と支出金額の集計処理

```
1  import pandas as pd
2  kakei = pd.read_csv("kakei.csv", encoding="shift_jis")
3
4  # 調査年ごとに収支分類区分 1(食料)で支出金額を合計
5  foods = kakei.groupby(["収支分類区分 1", "調査年"], as_index=False).agg
       ({"支出金額":sum})
6  foods
```

コード 4.7 穀類の支出金額の集計処理 (コード 4.6 の後に実行すること)

```
1  # 穀類の行だけ選択して、調査年ごとに収支分類区分 2で支出金額を合計
2  cereals = kakei[kakei["収支分類区分 2"] == "穀類"]
3  cereals = cereals.groupby(["収支分類区分 1", "収支分類区分 2", "調査年"],
        as_index=False).agg({"支出金額":sum})
```

```
4  cereals
```

本章の分析で用いる家計調査年報データでは，すべてのデータの収支分類区分1が食料である。よって，コード4.6の5行目のように，収支分類区分1と調査年が一致する行の支出金額を合計して，1年ごとの食料の支出金額を求める。穀類は図4.1に示したように収支分類区分2の項目である。そのため，コード4.7の1行目で穀類のデータのみを選択して，2行目のように調査年ごとに支出金額を合計する。このようにして集計処理した foods と cereals を時系列分析に用いる。

例題 4.1　米と同じように食料と穀類のそれぞれの支出金額の基礎的な時系列分析を行い，それぞれの結果を比較して考察せよ。

解答　食料と穀類の支出金額に対する処理は米に対する処理と同じであることから，コード4.2から4.4までのコードを関数化する。要約統計量の出力から変化率の計算までの処理を行う関数をコード4.8に示す。

コード 4.8　時系列データの基礎的な分析の関数化

```
1   import pandas as pd
2   import matplotlib.pyplot as plt
3   import japanize_matplotlib
4
5   def analyze(df, kubun_name):
6       """
7       支出金額データを時系列分析する関数
8       df: 分析対象のデータ
9       kubun_name: 分析対象の支出分類区分の名前
10      """
11      # 要約統計量
12      print(df["支出金額"].describe())
13
14      # データの分布
15      plt.hist(df["支出金額"], bins=5, rwidth=0.9)
16      plt.title(kubun_name + "の支出金額のヒストグラム")
17      plt.xlabel("支出金額 (円)")
18      plt.ylabel("度数")
19      plt.show()
20
21      # 年ごとの支出金額
22      plt.plot(df["調査年"], df["支出金額"], marker="o")
```

```
23        plt.title("各年の"+ kubun_name + "の支出金額")
24        plt.xlabel("年")
25        plt.ylabel(kubun_name + "の支出金額 (円)")
26        y_max = max(df["支出金額"])
27        plt.ylim(0, y_max * 1.1)
28        plt.show()
```

関数 analyze に対して，処理対象のデータを引数 df，グラフを描画する際のラベルに表示される名前を引数 kubun_name として渡すことで，支出金額の要約統計量と分布 (ヒストグラム)，経年変化のグラフが出力され，集計処理で使用した DataFrame が返ってくる。関数 analyze を使った食料，穀類，および米の支出金額の時系列分析をコード 4.9 に示す。

コード 4.9 関数 analyze を使った基礎的な分析 (コード 4.8 の後に実行すること)

```
1  kakei = pd.read_csv("kakei.csv", encoding="Shift_JIS")
2
3  # 食料の基礎的な分析
4  foods = kakei.groupby(["収支分類区分 1", "調査年"], as_index=False).
       agg({"支出金額":sum})
5  analyze(foods, "食料")
6
7  # 穀類の基礎的な分析
8  cereals = kakei[kakei["収支分類区分 2"] == "穀類"]
9  cereals = cereals.groupby(["収支分類区分 1", "収支分類区分 2", "調査
       年"], as_index=False).agg({"支出金額":sum})
10 analyze(cereals, "穀類")
11
12 # 米の基礎的な分析
13 rice = kakei[kakei["収支分類区分 3"] == "米"]
14 analyze(rice, "米")
```

コード 4.9 を実行して得られた結果から，食料の支出金額の要約統計量を表 4.3 に，データの分布を図 4.5 に，支出金額を時系列に並べたグラフを図 4.6 に示す。また，同様の穀類の支出金額に関する結果を表 4.4，図 4.7，および図 4.8 に示す。図 4.5，および図 4.7 より，食料と穀類の支出金額は範囲の両端に多くのデータが分布しているが，表に示した平均と標準偏差から値の変化の幅は米の支出金額よりも小さいことがわかる。また，時系列にデータを並べた図 4.6 より食料の支出金額は 2008 年から年を経るにつれて増加傾向にあり，穀類の支出金額は図 4.8 より 2008 年から 2018 年の間であまり変化していないことがわかる。

表 4.3　食料の支出金額の要約統計量

指標	値
データの個数	11
平均	69929.27
標準偏差	2542.87
最小値	66905
中央値 (50%)	69002
最大値	73976

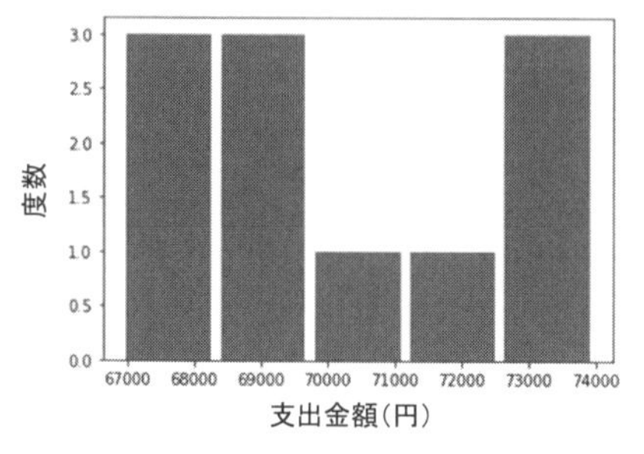

図 4.5　食料の支出金額の分布

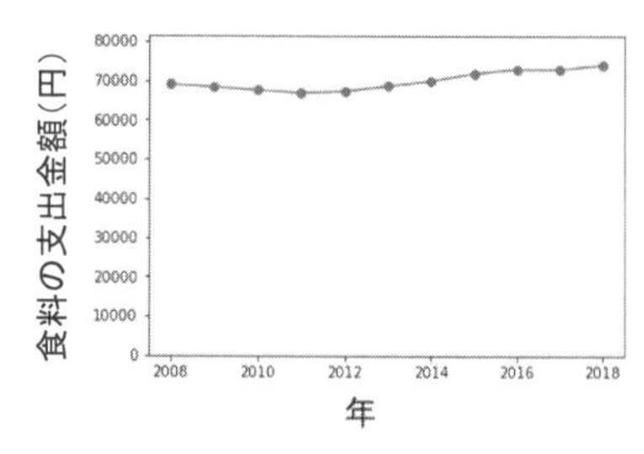

図 4.6　食料の支出金額の経年変化

表 4.4　穀類の支出金額の要約統計量

指標	値
データの個数	11
平均	6303.18
標準偏差	170.13
最小値	6137
中央値 (50%)	6265
最大値	6631

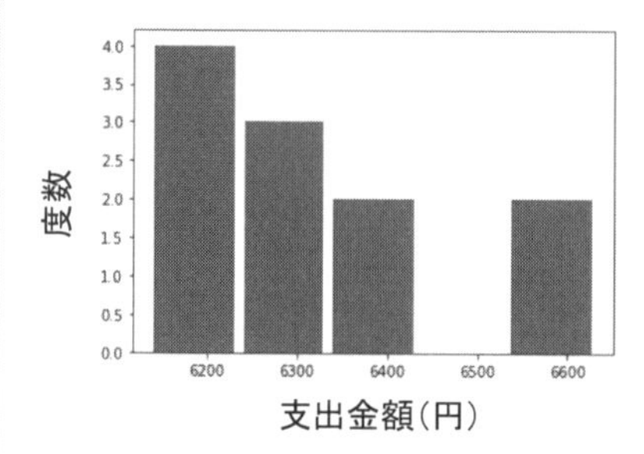

図 4.7　穀類の支出金額の分布

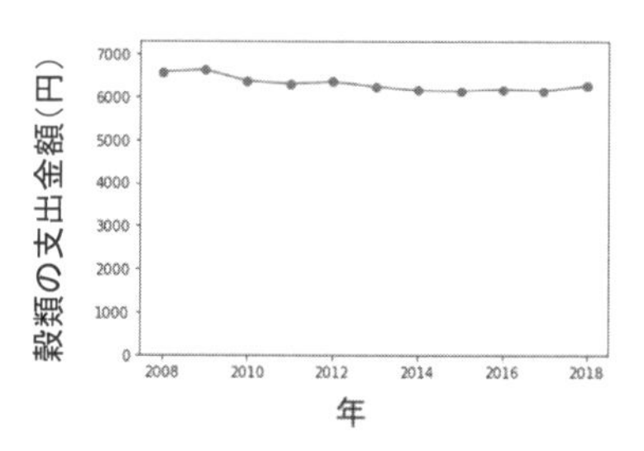

図 4.8　穀類の支出金額の経年変化

米と食料，穀類の支出金額の比較を視覚的に示すために，変化率を用いてグラフを描画する。コード 4.9 を実行して求めた各項目の変化率を使って，米と食料，穀類を比較するグラフをコード 4.10 で描画する。

コード 4.10 変化率を比較するグラフの描画 (コード 4.9 の後に実行すること)

```
1  # それぞれの変化率を折れ線グラフで表示する
2  plt.plot(rice["調査年"], rice["支出金額"].pct_change() * 100, marker
       ="o", label="米")
3  plt.plot(cereals["調査年"], cereals["支出金額"].pct_change() * 100,
       marker="o", label="穀類")
4  plt.plot(foods["調査年"], foods["支出金額"].pct_change() * 100,
       marker="o", label="食料")
5  plt.title("支出金額の変化率の比較")
6  plt.xlabel("年")
7  plt.ylabel("支出金額の変化率 (%)")
8  plt.legend(bbox_to_anchor=(1, -0.1), loc="upper right")
9  plt.axhline(0, color="black")
10 plt.show()
11
12 # それぞれの平均変化率を求める
13 mean_foods = foods["支出金額"].pct_change().mean() * 100
14 mean_cereals = cereals["支出金額"].pct_change().mean() * 100
15 mean_rice = rice["支出金額"].pct_change().mean() * 100
16 means = {"米":mean_rice, "穀類":mean_cereals, "食料":mean_foods}
17 ## 棒グラフで表示する
18 plt.bar(x=means.keys(), height=means.values(), width=0.7)
19 plt.title("支出金額の平均変化率の比較")
20 plt.xlabel("収支分類区分")
21 plt.ylabel("支出金額の平均変化率 (%)")
22 plt.axhline(0, color="black")
23 plt.show()
```

図 4.9 はそれぞれの変化率の経年変化である [*9]。また，図 4.10 は分析期間のそれぞれの変化率の平均値を比較したグラフである。図 4.9 より，米の支出金額が大きく減少した 2014 年と 2015 年に，食料と穀類の支出金額は減少していなかったことから，米の支出金額のみが減少していることがわかる。さらに，図 4.10 より，食料と穀類の支出金額は分析期間中にあまり変化していないが，米の支出金額は平均

[*9] 図 4.9 のグラフは，コード 4.10 を実行して描画したものではなく，白黒で印刷して判別可能なように線の種類を変更したものである。

2%程度減少していることがわかる [10]。これらの分析より仮説①を支持する結果が得られた。したがって，日本では近年米離れが起きていることを，家計調査年報データを用いて示すことができた。

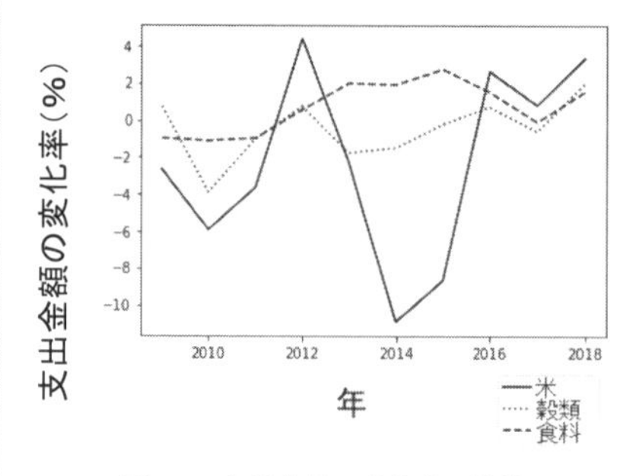

図 4.9　支出金額の変化率の比較

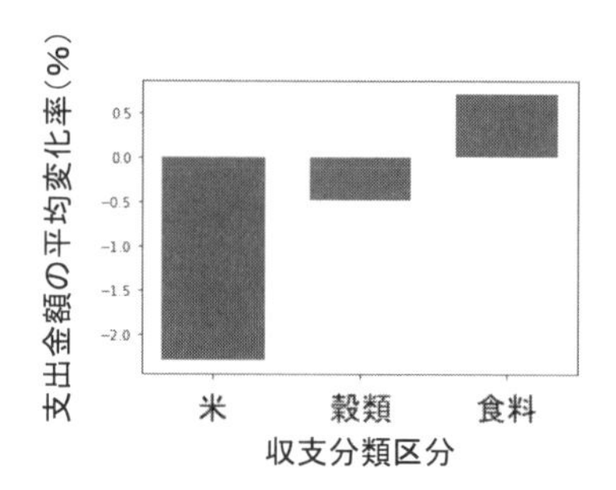

図 4.10　支出金額の平均変化率の比較

4.3　来年はどうなるの？

前節の分析は日本人の米離れが起きていることを示した。時系列分析は，このように単にある現象や傾向を調べるだけでなく，将来はどうなるのか予測するためにも用いることができる。よって，本節では，家計調査年報データを使って，データの期間に含まれていない次の年の米の支出金額を予測することを試みる。具体的には，まず a. 移動平均法を用いて米の支出金額の傾向を可視化する。次に b. 指数平滑法を用いて予測モデルを構築し，2019 年の米の支出金額を予測する。

4.3.1　移動平均法を用いた傾向の可視化

年ごとの支出金額のような時間情報を持つ時系列データの分析では，前節で行ったように時間の経過とともに生じている変化を把握する。しかしながら，図 4.3，および図 4.4 に示したようにデータは短期間で上下しており，次の時点でどう変化するか予測することは非常に難しい。移動平均法は，この問題を解

[10] 2014 年の支出金額の減少については，さらに調べることで様々な要因を見つけることができる。例えば，2014 年には米価格の暴落が生じているなど，米相場の影響を受けていることも考えられる。よって，分析の際は，得られた結果を様々な視点から検討することが重要である。

決するための方法の1つである。この方法では，ある時点のデータをその前後の時点のデータとともに集計して平均値を求める。これにより，短期間におけるデータの上下移動が緩やかになり，傾向の変化を把握しやすくすることができる。移動平均法では，ある時点の平均値を求める際に前後でどの程度の時点のデータを集計するのかを表す項数を決定する。項数を $N(>1)$，時点 t における データの値を x_t と表記するとき，時点 t における移動平均は以下の式で求められる。

項数 N が奇数で $k = \frac{N-1}{2}$ のとき

$$
\begin{aligned}
\text{移動平均}_t &= (x_{t-k} + \cdots + x_{t+k}) \div N \\
&= \frac{1}{N}\left\{x_t + \sum_{i=1}^{k}(x_{t-i} + x_{t+i})\right\}
\end{aligned}
$$

項数 N が偶数で $k = \frac{N}{2}$ のとき

$$
\begin{aligned}
\text{移動平均}_t &= \left\{\frac{x_{t-k}}{2} + x_{t-(k-1)} + \cdots + x_{t+(k-1)} + \frac{x_{t+k}}{2}\right\} \div N \\
&= \frac{1}{N}\left\{x_t + \frac{1}{2}(x_{t-k} + x_{t+k}) + \sum_{i=1}^{k-1}(x_{t-i} + x_{t+i})\right\}
\end{aligned}
$$

ここで，項数 N が偶数のとき時点 t の前後のデータを同じ数だけ取り出すことができない。そのため，t の前後で $N/2$ 個ずつデータを取り出し，両端のデータをそれぞれ 0.5 倍して1時点分のデータとみなすことで，N 個のデータの平均値となるよう調整している。移動平均の計算は変化率と同じように複数行のデータを同時に使用する。これらの計算を pandas ライブラリの DataFrame 型のデータに対して行うためのコードはコード 4.11，およびコード 4.12 の通りである。

コード 4.11 支出金額の移動平均の計算

```
1  import pandas as pd
2  import matplotlib.pyplot as plt
3  import japanize_matplotlib
4
5  # 家計調査年報データを読み込む
6  kakei = pd.read_csv("kakei.csv", encoding="Shift_JIS")
```

```
7
8  # 米の支出金額のみを取り出す
9  rice = kakei[kakei["収支分類区分 3"] == "米"]
10
11 # 項数に応じて期間の中心の年の支出金額の移動平均を計算
12 rice.index = rice["調査年"]
13 n = int(input("移動平均の項数を入力してください："))
14 ma_rice = rice["支出金額"].rolling(n, center=True).mean()
15 print(ma_rice)
16
17 # 年ごとの支出金額
18 ## 元データの描画設定
19 plt.plot(rice.index, rice["支出金額"], label="生データ", marker="o")
20 ## 移動平均を求めたデータの描画設定
21 plt.plot(ma_rice.index, ma_rice, label="移動平均", marker="o")
22 ## グラフの要素設定
23 plt.title("各年の支出金額の移動平均")
24 plt.xlabel("年")
25 plt.ylabel("支出金額 (円)")
26 plt.ylim(0, 2600)
27 plt.legend(bbox_to_anchor=(1, -0.1), loc="upper right")
28 plt.show()
```

コード 4.12　支出金額の変化率の移動平均の計算 (コード 4.11 の後に実行すること)

```
1  # 支出金額の変化率を計算する
2  raw = rice["支出金額"].pct_change() * 100
3  ma_change = ma_rice.pct_change() * 100
4  ma_change[2018] = None # 変化率の計算で最後の年が 0 になるため無効にする
5  print(ma_change)
6
7  ## 変化率のグラフを描画する
8  plt.plot(raw.index, raw, label="生データ", marker="o")
9  plt.plot(ma_change.index, ma_change, label="移動平均", marker="o")
10 plt.title("各年の米の支出金額の変化率の移動平均")
11 plt.xlabel("年")
12 plt.ylabel("支出金額の変化率 (%)")
13 plt.legend(bbox_to_anchor=(1, -0.1), loc="upper right")
14 plt.axhline(0, color="black")
15 plt.show()
```

例題 4.2　項数 N が 3 のときと 4 のときの米の支出金額の移動平均を求めて，それぞれのグラフを描画せよ。また，描画結果から米の支出金額の経年変化の傾向を考察せよ。

解答　コード 4.11 の 13 行目で変数 n の値を変更して，コード 4.10 の 2 行目から 9 行目の折れ線グラフの描画と同じように移動平均と元の支出金額のグラフを描画する。項数 N を 3 としたときの米の支出金額の移動平均を図 4.11 に，項数 N を 4 としたときの移動平均を図 4.12 に示す。これらの図において，破線は元の数値，実線は移動平均の値を表す。グラフの描画結果より，元の数値と比較して，移動平均の値は調査年ごとの変化が緩やかになっていることがわかる。また，本章の分析で用いた家計調査年報データに含まれる期間が短いため，項数 N を 4 以上にすると図 4.12 のように描画できる期間が少なくなり，傾向の分析が困難となることがわかる。図 4.11 より，米の支出金額は経年とともに少しずつ減少していることがわかる。項数 N を 3 としたときの移動平均から求めた変化率を見ると，図 4.13 に示すように，0% 未満の範囲で変化率が上下していることもわかる。これらの結果より，近年では米の支出金額が減少傾向にあるが，減少する程度は小さくなっているといえる。

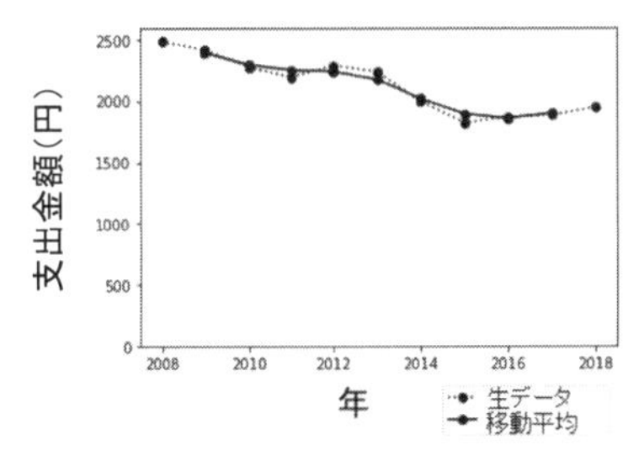

図 4.11　項数 $N = 3$ のときの米の支出金額の移動平均

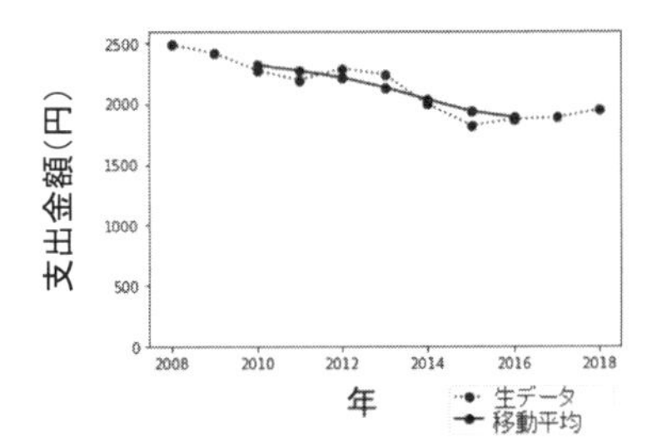

図 4.12　項数 $N = 4$ のときの米の支出金額の移動平均

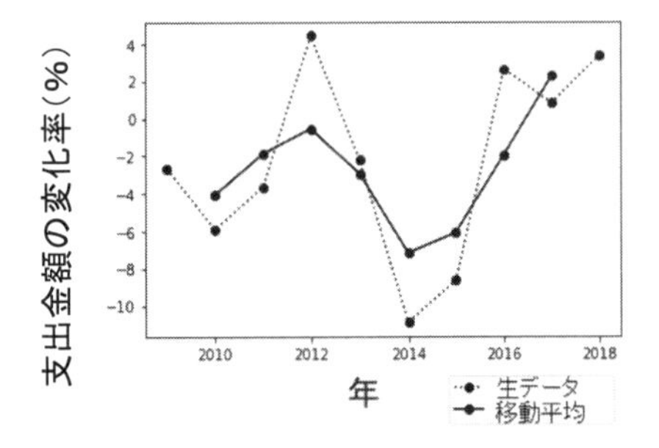

図 4.13　項数 $N = 3$ のときの米の支出金額の移動平均の変化率

4.3.2 指数平滑法を用いた予測モデルの構築

米の支出金額は 2008 年から 2018 年の間に減少傾向にあるが，その減少の程度は増減を繰り返す傾向にあることも移動平均法によって明らかとなった。この結果から，2019 年の米の支出金額は 2018 年から引き続き増加すると予想する人がいれば，増加は 2018 年 がピークで 2019 年度には減少すると予想する人もいるだろう。前者は比較的短期間の傾向からの予想であり，後者は比較的長期間の傾向に基づく予想である。このように，予想は考慮する過去の情報の期間によって変化する。データ分析では，これらの例のように予測のために考慮する期間を決めて予測モデルを構築することがよく行われる。本章の分析では，予測モデルの構築方法のひとつである指数平滑法を用いて，2019 年の米の支出金額を予測する。

指数平滑法とは，直近の情報と過去の情報に相対的な重みを与えて予測を行う手法である。特に直前の出来事の影響を強く受ける場合や，近年の傾向に追従させたいときの短期予測に適した手法であることが知られている。ある時点 t におけるデータの実測値を x_t，予測値を F_t と表記するとき，時点 t の予測値は次の式で求められる。

$$F_t = \alpha \times x_{t-1} + (1 - \alpha) \times F_{t-1}$$

ここで，係数 α は過去の予測値の影響の程度を決定するパラメータであり，$0 < \alpha < 1$ の範囲で設定される。係数 α が 1 に近いほど直前の実測値の影響を強く考慮し，逆に α が 0 に近いほど過去の予測値の影響を強く考慮した予測を行う。予測値は過去のデータを使って随時計算されることから，過去の予測値の影響は予測する時点が離れるごとに α 倍ずつ減少する。このように過去の予測値の影響を指数的に減少させることから，この方法は指数平滑法と呼ばれている。

係数 α は事前に適切な値を調べて決定する方法がよく適用される。たとえば，α を少しずつ変化させながら，蓄積された過去のデータを使ったシミュレーションによって予測値と実績値との予測誤差を求めて，予測誤差が最小となる係数 α を選択する。任意の係数 α で指数平滑法を使ったモデルの構築，および予測値の計算を行う関数をコード 4.13 に示す。指数平滑法では，ある時点の予測値をその前の時点の予測値と実測値を使って計算する。家計調査年報データでは，支出金額が実測値であるが，実際のデータに最初の時点 (本章の分析で用いるデータでは 2008 年) の予測値は存在しない。そのため，最初の時点 (2008 年) の実測値を 2 期目 (2009 年) の予測値として扱い，3 期目 (2010 年) の予測値を計算するものとした。

コード 4.13 指数平滑法による予測値を計算する関数

```
import pandas as pd
import matplotlib.pyplot as plt
import japanize_matplotlib
import numpy as np

def calc_forecasted_value(df, alpha):
    """
    指数平滑法を用いて予測値を計算する関数
    """
    # データフレームのコピーを作成
    res = df.copy()
    # 時間の列をインデックスに設定
    res.index = res["調査年"]

    # 予測値を格納する辞書 (キー:調査年)
    forecasted = {res.index[0]: np.nan} # 最初の年は予測できないので NaN
    forecasted[res.index[1]] = res.at[res.index[0], "支出金額"] # 最初の年の値を次の年の予測値とする
    # 予測値を順次求めていく
    for t in range(2, len(res)):
        pre_year = res.index[t - 1]
        year_t = res.index[t]
        forecasted[year_t] = alpha * res.at[pre_year, "支出金額"] + (1 - alpha) * forecasted[pre_year]

    # 辞書の値 (予測値)を列として追加
    res.loc[:, "予測値"] = forecasted.values()
    # 予測値と実測値から予測誤差を計算
    res["予測誤差"] = abs(res["支出金額"] - res["予測値"])

    return res
```

例題 4.3 係数 α を 0.1 から 0.9 までの範囲で 0.1 ずつ変化させて米の支出金額の予測モデルをそれぞれ構築し，予測期間中の予測誤差 (予測値と実測値と

の差の絶対値) の合計値を比較して予測に適した係数 α の値を検討せよ。

解答　係数 $\alpha = 0.1$ のときの予測モデルによって調査年ごとの米の支出金額を予測した結果を表 4.5 に示す。同じように 2009 年から 2018 年の期間の予測誤差の合計値を係数 α ごとに求めるために，コード 4.13 の関数 `calc_forecasted_value` を使った繰り返し処理をコード 4.14 に示す。コード 4.14 を実行して出力された予測誤差の合計値のグラフを図 4.14 に示す。

表 4.5　係数 $\alpha = 0.1$ のときの予測結果と予測誤差

調査年	支出金額	予測値	予測誤差
2008	2485	-	-
2009	2419	2485.000000	66.000000
2010	2276	2478.400000	202.400000
2011	2193	2458.160000	265.160000
2012	2290	2431.644000	141.644000
2013	2239	2417.479600	178.479600
2014	1995	2399.631640	404.631640
2015	1822	2359.168476	537.168476
2016	1870	2305.451628	435.451628
2017	1885	2261.906466	376.906466
2018	1948	2224.215819	276.215819

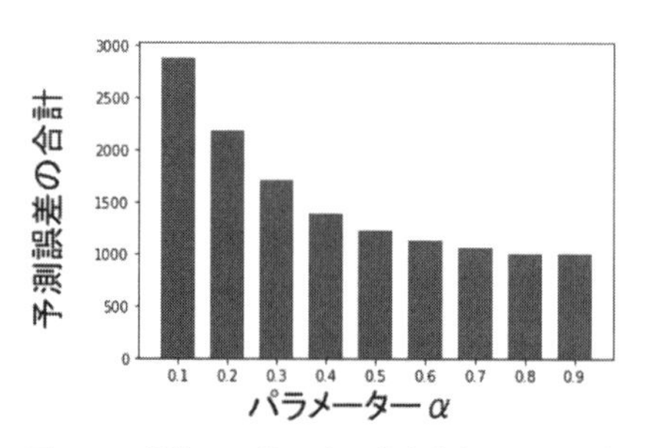

図 4.14　係数 α ごとの米の支出金額の予測誤差

コード 4.14　係数 α ごとの予測誤差の合計値の計算 (コード 4.13 の後に実行すること)

```
1  # 家計調査年報データを読み込む
2  kakei = pd.read_csv("kakei.csv", encoding="Shift_JIS")
3
4  # 米の支出金額のみを取り出す
5  rice = kakei[kakei["収支分類区分 3"] == "米"]
6
```

```
7   # 予測のパラメータ α の候補
8   param_alpha = [0.1, 0.2, 0.3, 0.4, 0.5, 0.6, 0.7, 0.8, 0.9]
9
10  # パラメータごとの予測誤差の合計の辞書
11  total_error = {}
12  # パラメータを変えながら予測
13  for alpha in param_alpha:
14      ## 予測値を計算する
15      rice_f = calc_forecasted_value(rice, alpha)
16      ## 予測誤差の合計値を計算して辞書へ追加
17      te = sum(rice_f.loc[rice_f.index[1:], "予測誤差"]) # 最初の年は
            NaN なので除外
18      total_error[str(alpha)] = te # α の値を文字列化して辞書のキーとする
19
20      """
21      ## - - この部分のコメントアウトを外すと α ごとの予測値のグラフを描画
            - -
22      ## 年ごとの支出金額と予測値を比較するグラフを描画する
23      ### 元データの描画設定
24      plt.plot(rice_f.index, rice_f["支出金額"], label="実測値",
            marker="o")
25      ### 予測値の描画設定
26      plt.plot(rice_f.index, rice_f["予測値"], label="予測値 (α = " +
            str(alpha) + ")", marker="o")
27      ### グラフの要素設定
28      plt.title("各年の米の支出金額")
29      plt.xlabel("年")
30      plt.ylabel("支出金額 (円)")
31      plt.ylim(0, 2600)
32      plt.legend(bbox_to_anchor=(1, -0.1), loc="upper right")
33      plt.show()
34      """
35
36  # グラフ描画のために pandas.Series へ変換
37  res = pd.Series(total_error)
38  # パラメータ α ごとの予測誤差を描画
39  plt.plot(res.index, res, marker="o")
40  plt.title("パラメータα ごとの実測値と予測値との誤差の合計")
41  plt.xlabel("パラメータα")
42  plt.ylabel("予測誤差の合計")
43  plt.ylim(0, max(res) * 1.1)
```

```
44   plt.show()
```

図 4.14 より，係数 α が 1 に近づくほど，予測誤差の合計値が小さくなっていることがわかる。ただし，α が 0.5 以上になると予測誤差の変動が小さくなっている。このように予測誤差の変動が小さい範囲では，モデル構築に使ったデータに対する誤差を最小化するが，同時に過去のデータに対する依存性も強くなるため，将来の予測精度が低下する可能性がある [*11]。したがって，米の支出金額の予測モデルにおける係数 α は 0.5 程度が適切であると考えられる。

係数 α を 0.5 としたときの米の支出金額の予測結果は図 4.15 に示す通りであり，実線が予測値，破線が実測値である (グラフはコード 4.15 を用いて作成した)。また，調査年ごとに実測値を分母としたときの予測誤差の割合である誤差率を計算した。誤差率の経年変化を図 4.16 に示す。特に誤差率が高くなっているのは 2014 年と 2015 年のあたりである。このモデルの係数 α は 0.5 であり，過去の予測値と直前の実測値の影響の両方を考慮している。したがって，誤差率が高くなった時期に米の支出金額に影響を与える出来事があり，モデルによる予測がうまくいかなかった可能性がある。この時期に米の支出金額に影響を与えた可能性がある出来事として，2014 年 4 月の消費税率の引き上げ (5% → 8%) が考えられる。

次に，構築した予測モデルで将来の米の支出金額の予測を試みる。指数平滑法で構築したモデルは近い将来の予測を行うためのものである。よって，本章の分析では，モデル構築に用いていない 2019 年の予測を行う。

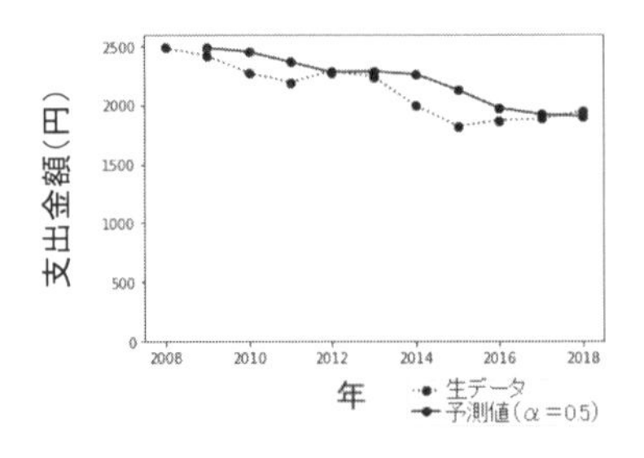

図 4.15　係数 $\alpha = 0.5$ のときの米の支出金額の予測結果

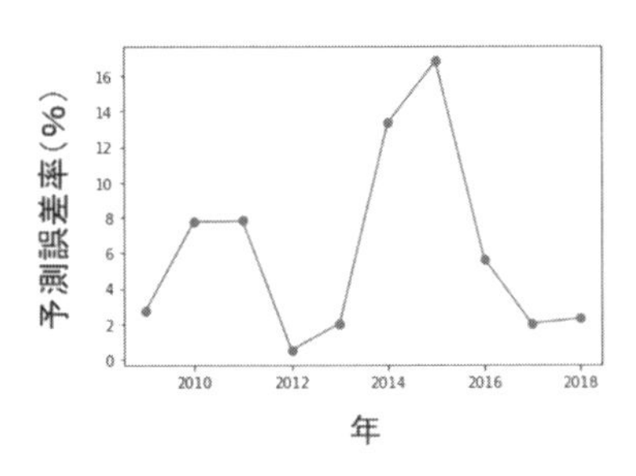

図 4.16　係数 $\alpha = 0.5$ のときの米の支出金額の予測誤差率

---

*11)　機械学習の分野ではオーバーフィッティングと呼ばれる現象である。

例題 4.4 2019 年の米の支出金額を予測モデルによって予測し，公開されている実測値と比較して結果を考察せよ。

解答 コード 4.15 を用いて，係数 $\alpha = 0.5$ のときの予測モデルで 2018 年の予測値 (1903.789) と実測値 (1948) を使って求めた 2019 年の予測値は 1925.895 である。一方では，e-Stat から家計調査のデータをダウンロードして確認したところ，2019 年の米の支出金額は 1857 であった。2019 年の実測値との誤差率は約 3.7% であり，図 4.16 に示した調査年ごとの誤差率から，比較的小さいことがわかる。なお，2019 年 10 月に消費税率が 8% から 10% となったが，分析に該当する期間が短かったため，あまり影響を与えなかったと考えられる。

コード 4.15 次の年の支出金額の予測 (コード 4.13 の後に実行すること)

```
1  # αを入力して予測値を計算する
2  alpha = float(input("予測パラメータα (0 < α < 1) を入力してください
       ==> "))
3
4  kakei = pd.read_csv("kakei.csv", encoding="Shift_JIS")
5  rice = kakei[kakei["収支分類区分 3"] == "米"]
6  rice_f = calc_forecasted_value(rice, alpha)
7
8  # 年ごとの支出金額と予測値を比較するグラフを描画する
9  plt.plot(rice_f.index, rice_f["支出金額"], label="実測値", marker="o
       ")
10 plt.plot(rice_f.index, rice_f["予測値"], label="予測値 (α = " + str(
       alpha) + ")", marker="o")
11 ## グラフの要素設定
12 plt.title("各年の米の支出金額")
13 plt.xlabel("年")
14 plt.ylabel("支出金額 (円)")
15 plt.ylim(0, max(rice_f["支出金額"]) * 1.1)
16 plt.legend(bbox_to_anchor=(1, -0.1), loc="upper right")
17 plt.show()
18
19 # 年ごとの実測値における絶対誤差の割合 (誤差率)を描画する
20 ### 元データの描画設定
21 plt.plot(rice_f.index, rice_f["予測誤差"] / rice_f["支出金額"] *
       100, marker="o")
22 plt.title("各年の予測誤差率")
23 plt.xlabel("年")
24 plt.ylabel("予測誤差率 (%)")
25 plt.show()
```

```
26
27 # 次の年の支出金額を予測する
28 ## 最新データの行番号
29 last_year = rice_f.index[-1]
30 ## 予測値を計算する
31 forecasted = alpha * rice_f.at[last_year, "支出金額"] + (1 - alpha)
       * rice_f.at[last_year, "予測値"]
32 ## 計算結果を表示する
33 print("α = " + str(alpha) + "のとき：")
34 print("2019年の米の支出金額の予測値 = " + str(forecasted))
35
36 ans = 1857 # 2019年の実測値
37 print("2019年の実測値との誤差 = " + str(abs(ans - forecasted)))
38 print("2019年の実測値との誤差率 (%) = " + str(abs(ans - forecasted) /
       ans * 100))
```

4.4 ま　と　め

本章では，家計調査年報データを用いて，米離れが起きているか示すための基礎的な時系列分析を行った。また，時系列データを加工して傾向を把握し，近い将来の予測も行った。データ分析では，4.2 節のケース b. のように適切な比較対象を選択し，値のスケールの差を考慮した指標を用いて可視化することが重要である。予測モデルの構築では，本章の分析で用いた指数平滑法以外にさまざまなものが開発されており，基礎的な分析の結果に基づいて適切な手法を選択する必要がある。したがって，モデル構築のための手法を学ぶだけでなく，基礎的な分析をしっかりと行える技術を習得することもまた非常に重要である。

章 末 問 題

(1) 家計調査年報データにおける「収支分類区分 3」が米以外のデータを 1 つ選択して，2008 年から 2018 年までの期間における経年変化の基礎的な分析を行い，その支出金額の傾向が増加，維持，または減少のいずれに該当するのか調べよ。

(2) 家計調査年報データに含まれる 2008 年から 2018 年までの食料の支出金額を使っ

て，移動平均法による経年変化の傾向を把握し，指数平滑法を用いて 2019 年の食料の支出金額を予測しなさい。また，2019 年の食料の支出金額の実際の値を調べ，予測値と比較して結果を考察しなさい。

Chapter 5

より高度な分析2：気温から売り上げを予測する

3.2 節では相関係数により食品の消費支出と気温との関係を分析した。本章では，気温から食品の消費支出を予測することを考える。

5.1 線形単回帰の概要

回帰とは，**説明変数**から**目的変数**を予測する関数を求める問題である。本章の例では，説明変数が気温，目的変数が食品の消費支出である。説明変数を x, 目的変数を y, y の予測値を $\hat{y}$ としたときに，$\hat{y} = f(x)$ で y と $\hat{y}$ ができるだけ近くなるような関数 f を求める。今回は，説明変数を 1 つとしているが，複数あってもかまわない。説明変数が 1 つの場合を**単回帰**，複数の場合を**重回帰**と呼ぶ。関数 f の形や y と $\hat{y}$ の近さの表現にはさまざまなものがある。ここでは，関数の形としては，$f(x) = ax + b$ で表現される**線形回帰**のうち，説明変数が 1 つである**線形単回帰**を取り上げる。また，y と $\hat{y}$ の近さの表現としては，各 x に対応する $(y - \hat{y})^2$ を求め，その和が最小になる f を選ぶ**最小 2 乗法**を取り上げる。最小 2 乗法は予測値と実測値の差 (これを残差と呼ぶ) の 2 乗の和が最小になるように関数の形を決める手法である。これを定式化すると以下の式で定義される J が最小となるような関数 f を求める問題となる。

$$J = \sum_{x_i} (y_i - f(x_i))^2$$

ここで，x_i, y_i は対応する説明変数と目的変数の値の組である。今回は，単回帰を最小 2 乗法で解くので，以下の J を最小化するような a, b を求める問題である。

$$J = \sum_i (ax_i + b - y_i)^2 \tag{5.1}$$

線形単回帰では，a, b は以下のように計算できる。

$$a = \frac{\sum_i x_i y_i - n\bar{x}\bar{y}}{\sum_i {x_i}^2 - n\bar{x}^2} \tag{5.2}$$

$$b = \bar{y} - a\bar{x} \tag{5.3}$$

$\bar{x}, \bar{y}$ はそれぞれ x, y の平均である。式 (5.2) の分子と分母をそれぞれ $1/n$ した値は，x, y の共分散 s_{xy} と x の分散 ${s_x}^2$ に等しいことが知られており，a は以下によって求めることができる。

$$a = \frac{s_{xy}}{{s_x}^2} \tag{5.4}$$

これらの式の導出方法については次節で解説する。

また，この関数の予測値が実測値にどのくらい近いかを表現する指標の 1 つとして**決定係数**がある。最小 2 乗法による線形回帰では，決定係数 R^2 は予測値の分散 ${s_{\hat{y}}}^2$，実測値の分散 ${s_y}^2$ を用いて以下のように計算できる。

$$R^2 = \frac{{s_{\hat{y}}}^2}{{s_y}^2}$$

決定係数 R^2 は $0 \leq R^2 \leq 1$ の値をとり [*1)]，大きいほど実測値に近い予測ができているといえる。

ここで決定係数のイメージを図 5.1 の例を用いて説明する。この図の 3 つの黒丸が実測値，右肩上がりの直線が回帰直線，黒丸と点線でつながった×印が対応する予測値である。図の左側の $x = 0$ の軸上の白丸は破線でつながった実測値の y の値を表し，$x = 0$ 上でのこれらの値の分散が ${S_y}^2$ にあたる。また，図の右側の $x = 3$ の軸上の四角は予測値の y の値を表しており，$x = 3$ 上でのこれらの値の分散が ${S_{\hat{y}}}^2$ にあたる。図からは白丸の方が四角より値のばらつきが大きく，よって $R^2 < 1$ であることがわかる。ここで黒丸が×印にもっと近かったらどうなるかを考えよう。黒丸を×印に近づけていくと白丸の y 座標は対応する四角の y 座標に近づいていき，最終的には一致する。つまり，予測値が実測値と一致し，モデルとしては最良となる。このとき，${S_y}^2 = {S_{\hat{y}}}^2$ となるため，$R^2 = 1$ となる。

---

*1) 最小 2 乗法を用いない回帰の場合は R^2 は上記の式では計算できず，負になる場合もある。

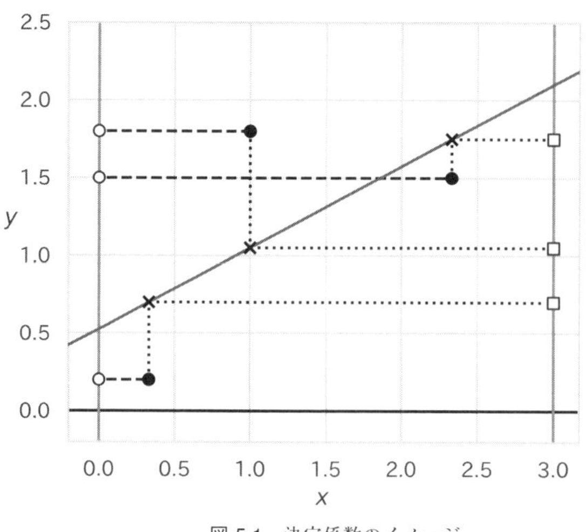

図 5.1　決定係数のイメージ

5.2　線形単回帰の数学的説明

前節では線形単回帰の概要を解説し，a, b については計算方法のみ述べたが，本節では a, b の導出方法について例題を交えて解説する。線形回帰の事例を先に学びたい読者は，本節はひとまず読み飛ばして，後で読んでいただいてもかまわない。

前節で述べたように，線形単回帰では式 (5.1) を最小化する a, b を求める必要がある。式 (5.1) を変形すると，以下のようになる。

$$J = \left(\sum_i {x_i}^2\right) a^2 - \left(2\sum_i x_i y_i\right) a + \sum_i {y_i}^2 + 2n\bar{x}ab - 2n\bar{y}b + nb^2 \quad (5.5)$$

ここで J を a についての関数だと考えると，a^2 の係数が正であるので，J は下に凸の 2 次関数であることがわかる。よって，J を a で偏微分 *2) して 0 になるとき J は最小となる。同様に J を b についての関数だと考えると，同じく b^2 の係数が正であるので，J は b についても下に凸の 2 次関数であることがわ

*2)　偏微分とは，複数の変数を持つ関数に対して特定の変数以外を定数とみなして，微分を行うことである。通常の微分の記号 d と区別して ∂ を用いる。たとえば，J を a で偏微分する場合は，$\frac{\partial J}{\partial a}$ と表記する。

かり，J を b で偏微分して 0 になるとき J は最小となる。すなわち，以下の方程式を解くと a, b の値を求めることができる。

$$\frac{\partial J}{\partial a} = 0 \tag{5.6}$$

$$\frac{\partial J}{\partial b} = 0 \tag{5.7}$$

例題 5.1 式 (5.1) から式 (5.5) を導出せよ。

解答 式 (5.1) を変形すると以下のようになる。

$$\begin{aligned} J &= \sum_i \{(ax_i - y_i)^2 + 2b(ax_i - y_i) + b^2\} \\ &= \sum_i (a^2 {x_i}^2 - 2ax_iy_i + {y_i}^2 + 2abx_i - 2by_i + b^2) \\ &= \left(\sum_i {x_i}^2\right) a^2 - \left(2\sum_i x_iy_i\right) a + \sum_i {y_i}^2 \\ &\quad + \left(2\sum_i x_i\right) ab - \left(2\sum_i y_i\right) b + nb^2 \end{aligned}$$

ここで，x の平均 $\bar{x}$，y の平均 $\bar{y}$ はそれぞれ，$\bar{x} = \frac{1}{n}\sum_i x_i, \bar{y} = \frac{1}{n}\sum_i y_i$ であるので，$\sum_i x_i = n\bar{x}, \sum_i y_i = n\bar{y}$ である。これを上の式に代入すると式 (5.5) が得られる。

例題 5.2 式 (5.6), (5.7) の左辺を計算せよ。

解答

$$\frac{\partial J}{\partial a} = 2a\sum_i {x_i}^2 - 2\sum_i x_iy_i + 2n\bar{x}b \tag{5.8}$$

$$\frac{\partial J}{\partial b} = 2n\bar{x}a - 2n\bar{y} + 2nb \tag{5.9}$$

例題 5.3 式 (5.6), (5.7) から式 (5.2), (5.3) を導出せよ。

解答 式 (5.7), (5.9) より $\bar{x}a - \bar{y} + b = 0$ なのでこれを変形して式 (5.3) が得られる。式 (5.6), (5.3), (5.8) より

$$a\sum_i {x_i}^2 - \sum_i x_i y_i + n\bar{x}b = 0$$

$$a\sum_i {x_i}^2 - \sum_i x_i y_i + n\bar{x}(\bar{y} - a\bar{x}) = 0$$

$$a\sum_i {x_i}^2 - \sum_i x_i y_i + n\bar{x}\bar{y} - na\bar{x}^2 = 0$$

$$a\left(\sum_i {x_i}^2 - n\bar{x}^2\right) = \sum_i x_i y_i - n\bar{x}\bar{y}$$

これを変形して式 (5.2) が得られる。

例題 5.4　共分散と分散の定義より式 (5.2) から式 (5.4) を導出せよ。

解答　共分散の定義より

$$\begin{aligned} s_{xy} &= \frac{1}{n}\sum_i (x_i - \bar{x})(y_i - \bar{y}) \\ &= \frac{1}{n}\sum_i (x_i y_i - x_i\bar{y} - \bar{x}y_i + \bar{x}\bar{y}) \\ &= \frac{1}{n}\sum_i x_i y_i - \bar{y}\frac{1}{n}\sum_i x_i - \bar{x}\frac{1}{n}\sum_i y_i + \bar{x}\bar{y} \\ &= \frac{1}{n}\sum_i x_i y_i - \bar{y}\bar{x} - \bar{x}\bar{y} + \bar{x}\bar{y} \\ &= \frac{1}{n}\sum_i x_i y_i - \bar{x}\bar{y} \end{aligned}$$

よって，式 (5.2) の分子について以下が成り立つ。

$$\sum_i x_i y_i - n\bar{x}\bar{y} = ns_{xy} \tag{5.10}$$

分散の定義より

$$\begin{aligned} s_x^2 &= \frac{1}{n}\sum_i (x_i - \bar{x})^2 \\ &= \frac{1}{n}\sum_i ({x_i}^2 - 2x_i\bar{x} + \bar{x}^2) \\ &= \frac{1}{n}\sum_i {x_i}^2 - 2\bar{x}\frac{1}{n}\sum_i x_i + \bar{x}^2 \end{aligned}$$

$$= \frac{1}{n}\sum_i {x_i}^2 - 2\bar{x}^2 + \bar{x}^2$$

$$= \frac{1}{n}\sum_i {x_i}^2 - \bar{x}^2$$

よって，式 (5.2) の分母について以下が成り立つ。

$$\sum_i {x_i}^2 - n\bar{x}^2 = n{s_x}^2 \tag{5.11}$$

これを式 (5.2) に代入すると以下のように式 (5.4) が得られる。

$$a = \frac{ns_{xy}}{n{s_x}^2} = \frac{s_{xy}}{{s_x}^2}$$

5.3 線形回帰による気温からの売り上げ予測

3.2 節で扱った，気象庁の月ごとの平均最高気温を説明変数，家計調査の月ごとの 1 日あたりの購入金額を目的変数として，線形単回帰によって予測を行う。図 5.2 がアイスクリーム，図 5.3 がチョコレートに対するものであり，各点が実測値，直線が予測した関数 (回帰直線) である。アイスクリームは気温が高いほど売れ，チョコレートは気温が低いほど売れるという傾向があるのがわかる。

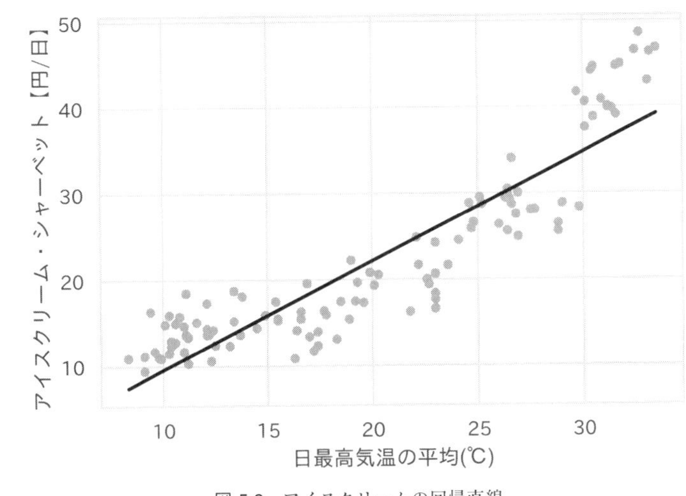

図 5.2 アイスクリームの回帰直線

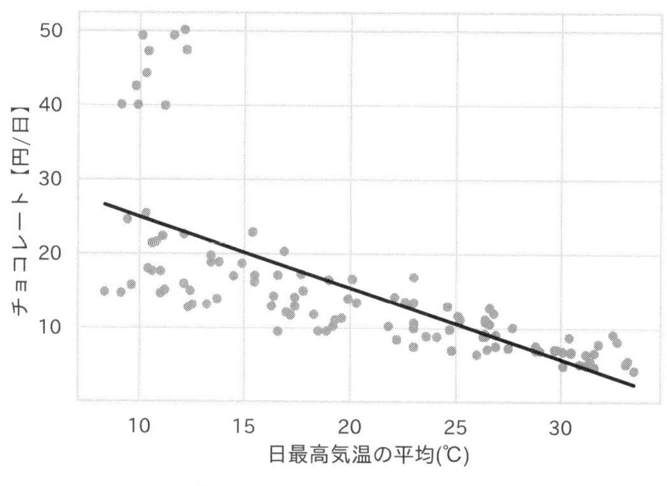

図 5.3　チョコレートの回帰直線

一方，決定係数を計算すると，前者が $R^2 \simeq 0.814$，後者が $R^2 \simeq 0.477$ となっている。決定係数は前者の方が大きいが，図 5.2, 5.3 のグラフと見比べた場合の印象と合っているだろうか。

図 5.2 をよく見ると値の分布が直線よりも曲線に近いことがわかる。このような場合に $x^n (n \geq 2)$ の項を入れた回帰 (多項式回帰) を用いて回帰曲線を求めることもできる。たとえば，$n = 2$ の場合は，$\hat{y} = a_1 x + a_2 x^2 + b$，$n = 3$ の場合は，$\hat{y} = a_1 x + a_2 x^2 + a_3 x^3 + b$ といった具合である。この場合，求めた関数は直線ではなく，曲線を描くため，回帰曲線と呼ぶ。また，$n \geq 2$ では関数は曲線を描くが，この場合も線形回帰に含まれる。$n = 2$ として，回帰曲線を求めると，図 5.4 のようになる。$R^2 \simeq 0.919$ となり，$n = 1$ のときよりも大きくなっている。

図 5.3 を詳しく見てみると，左上に他とは明らかに傾向の違う点の集合があるのがわかる。元データを調べてみると，これらの点はいずれも 2 月のデータであり，どうもバレンタインデーの影響が考えられる。このように影響の大きな要因が 2 つ以上存在する場合は単回帰ではうまく予測できないため，2 つ以上の説明変数を用いた回帰 (重回帰) を用いる。説明変数 x, v を用いた重回帰では回帰直線は $\hat{y} = a_1 x + a_2 v + b$ と表現される。ここで説明変数として，月ごとの平均最

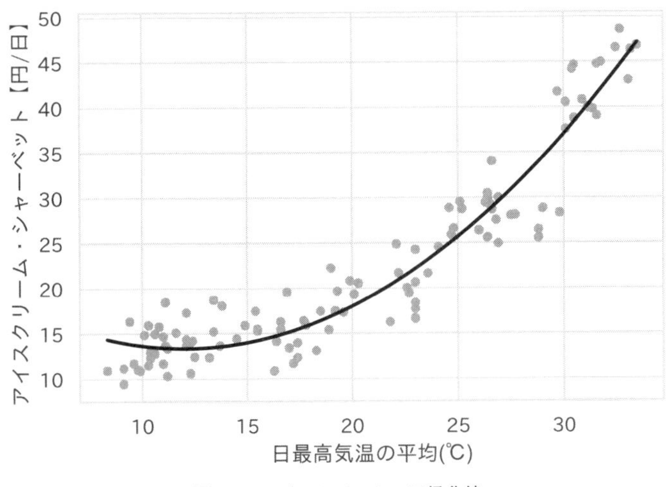

図 5.4 アイスクリームの回帰曲線

高気温の他に，2月かどうかを表現するための変数 v を導入する。この変数は，2月ならば1，他の月は0の値をとる。このように，数値でない変数を数値に変換した変数をダミー変数と呼ぶ。これらの2つの説明変数を用いて重回帰によって予測を行うと図5.5のようになる。回帰式は $\hat{y} \simeq -0.558x + 24.091v + 26.945$ となり，図5.5の実線が2月以外の月の回帰直線 ($\hat{y} \simeq -0.558x + 26.945$)，破

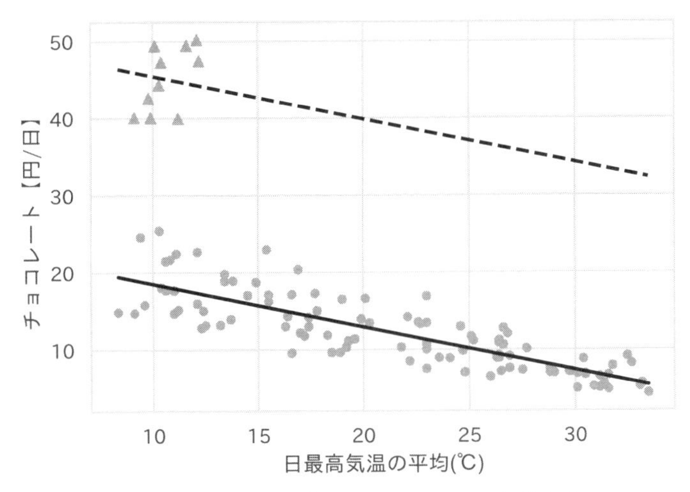

図 5.5 ダミー変数を導入したチョコレートの回帰直線

線が 2 月の回帰直線 ($\hat{y} \simeq -0.558x + 24.091 + 26.945$) である。また，このとき，$R^2 \simeq 0.925$ となり，図 5.3 よりもうまく予測できているといえる。

5.4 Python による回帰

Python で (線形) 回帰を行う方法を紹介する。ここでは，x, y にはそれぞれデータが読み込まれているとする。まず，線形単回帰の場合はコード 5.1 のようにすることで，a, b に回帰直線の傾きと切片がそれぞれ代入され，R2 には決定係数が代入される。

コード 5.1　線形単回帰

```
1 import numpy as np
2 from sklearn.metrics import r2_score
3 a, b = np.polyfit(x, y, order=1)
4 R2 = r2_score(y, a * x + b)
```

次数 2 の単回帰の場合にはコード 5.2 のようにすればよい。このとき，a1 には x の係数が，a2 には x^2 の係数が代入される。

コード 5.2　次数 2 の単回帰

```
1 import numpy as np
2 from sklearn.metrics import r2_score
3 a2, a1, b = np.polyfit(x, y, order=2)
4 R2 = r2_score(y, a2 * x**2 + a1 * x + b))
```

また，コード 5.3 は説明変数が 2 つの重回帰の場合である。このとき a1, a2 にはそれぞれの説明変数の係数が，b には切片が代入される。

コード 5.3　説明変数が 2 つの場合の重回帰

```
1 from sklearn.linear_model import LinearRegression
2 lr = LinearRegression()
3 lr.fit(x, y)
4 a1, a2 = lr.coef_
5 b = lr.intercept_
```

章 末 問 題

(1) 5.3 節で扱っていない商品や食品の消費支出を線形単回帰によって予測せよ。

Chapter 6

より高度な分析3：食べ物の好みで都道府県を分類する

方言や風習など地域性が反映されるものは多いが，食に関しても強く反映される。たとえば，「お雑煮の味付けは何味か」，「肉じゃがに入れるのは豚肉か牛肉か」などは地域によって違いがあることは知られている。そこで，本章では，牛肉，豚肉，鶏肉の購入量によって都道府県を分類 *1) することを考える。

6.1　クラスタリングとは

クラスタリングは，アイテム集合 (本章の例では都道府県) に対して，アイテム間の距離に応じて，集合をグループ分けする問題である。グループのことをクラスタと呼ぶ。基本的に，距離の近いアイテム同士が同じクラスタに所属する。また，距離の代わりに類似度を用いる場合もあるが，その場合は類似度の高いアイテム同士が同じクラスタに所属する。距離としてはユークリッド距離，類似度としてはコサイン類似度が代表的である。

例題 6.1　図 6.1 に示す 2 次元空間上の点を，点の近さによってグループ分けせよ。

解答　次節で述べる k-means でクラスタリングした結果と同じになる。詳しくは図 6.2 とその説明を参照すること。

---

*1)　ここでは一般的な意味で「分類」という語を用いているが，データ分析や機械学習の分野では分類問題 (classification) という問題定義が存在する。クラスタリングと分類との違いは，クラスタリングでは分けるべきグループ (クラスタ。詳しくは後述) が事前に与えられていないのに対し，分類では分けるべきグループ (クラス) とそれぞれに分類されるアイテムの例が学習データとして与えられている。区別のため，以降では一般的な意味での「分類」という語は用いずに「グループ分け」と表現することにする。

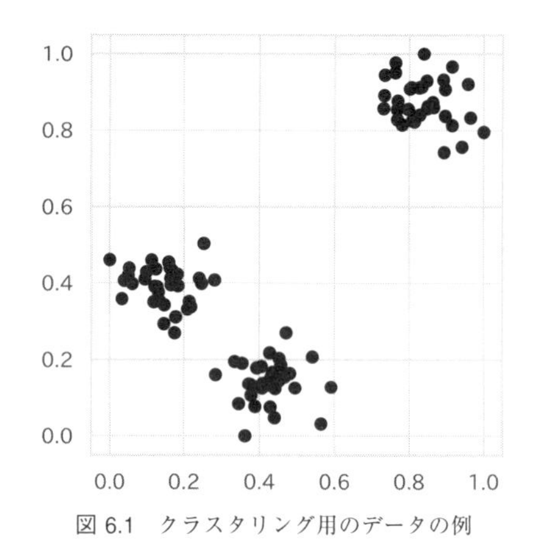

図 6.1　クラスタリング用のデータの例

6.2 k-means

6.2.1 k-meansの概要

クラスタリングの代表的なアルゴリズムの 1 つに **k-means** (k 平均法) がある。k はクラスタの数であり，事前に指定する必要がある。k-means では，k 個のクラスタの重心の初期値を決めておき，各アイテムを重心との距離に基づいてクラスタへ割り当てる，割り当ての結果に基づいてクラスタの重心を再計算する，という 2 つの処理を繰り返して，クラスタリングの結果を得る。

各アイテムは多次元空間上の点として表現されるが，任意の点の間の距離や点集合の重心は 2 次元や 3 次元での定義を拡張することで求めることができる。まず，アイテム i の m 次元空間上の点をベクトル $\boldsymbol{x_i} = (x_{i,1}, x_{i,2}, \ldots, x_{i,m})$ として表現するものとする [*2)]。点 $\boldsymbol{x_i}, \boldsymbol{x_j}$ 間のユークリッド距離 $d(\boldsymbol{x_i}, \boldsymbol{x_j})$ は以下のように定義される。

$$d(\boldsymbol{x_i}, \boldsymbol{x_j}) = \sqrt{\sum_{k=1}^{m} (x_{i,k} - x_{j,k})^2}$$

クラスタの重心はクラスタを構成するアイテムの座標の平均として定義される。

*2)　ベクトルとスカラーを区別するため，ここでは，ベクトルを $\boldsymbol{x_i}$ のように太字で表現する。それに対して，ベクトルの要素である $x_{i,1}$ はスカラーなので太字にはなっていない。

具体的には，クラスタ C の重心 x_C は以下のように計算できる。

$$\boldsymbol{x_C} = \frac{1}{|C|} \sum_{x \in C} \boldsymbol{x} \tag{6.1}$$

なお，$|C|$ はクラスタ C に所属するアイテムの数，$x \in C$ は x がクラスタ C に所属する任意のアイテムであることを意味する。

k-means の具体的なアルゴリズムは以下の通りである。

STEP1　各クラスタの重心の初期値を決定する。たとえば，アイテム集合からランダムに k 個選ぶ。

STEP2　アイテムごとに，各クラスタの重心との距離を算出して最も近いクラスタに割り当てる。

STEP3　STEP2 の割り当て結果に基づき，各クラスタの重心を再計算する。

STEP4　終了条件を満たさなかった場合は STEP2 に戻る。

STEP4 の終了条件としては，「あらかじめておいた繰り返しの回数に到達した」,「新たに求めた重心との距離が十分小さい」などがある。

図 6.2 は図 6.1 を $k = 3$ として k-means でクラスタリングした結果である。丸，三角形，四角形のそれぞれがクラスタを構成する。$k = 2$ とすると，丸の点と三角形の点が 1 つのクラスタを構成するような結果になる。

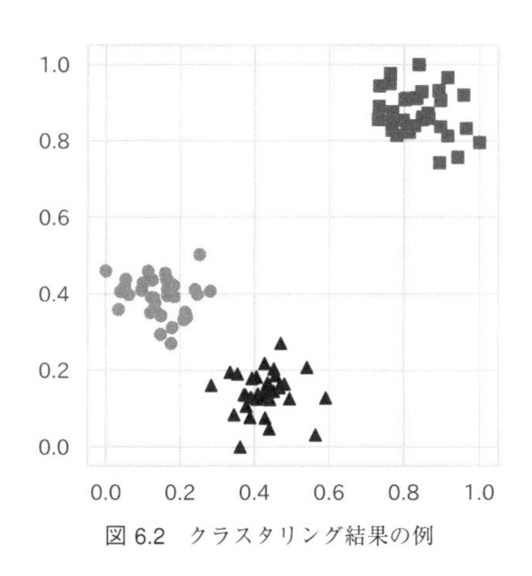

図 6.2　クラスタリング結果の例

6.2.2 k-means によるクラスタリングと結果の分析

それでは，k-means を用いて実データの分析を行ってみよう。ここでは，家計調査の各県庁所在市における牛肉，豚肉，鶏肉の購入量のデータを用いて，各都道府県をクラスタリングすることを考える。各都道府県は県庁所在市での牛肉，豚肉，鶏肉の年間の購入量 (g) を要素とする 3 次元のベクトルで表現す

表 6.1　k-means によるクラスタリングの結果

クラスタ番号	市
0	津市, 大津市, 京都市, 大阪市, 神戸市, 奈良市, 和歌山市, 鳥取市, 松江市, 岡山市, 広島市, 山口市, 高松市, 松山市, 高知市, 福岡市, 佐賀市, 長崎市, 熊本市, 大分市, 宮崎市, 鹿児島市
1	仙台市, 山形市, 福島市, 水戸市, 宇都宮市, 前橋市, 富山市, 金沢市, 福井市, 甲府市, 長野市, 岐阜市, 徳島市, 那覇市
2	札幌市, 青森市, 盛岡市, 秋田市, さいたま市, 千葉市, 東京都区部, 横浜市, 新潟市, 静岡市, 名古屋市

図 6.3　クラスタリング結果に基づく地図の塗り分け

る。$k=3$ として k-means でクラスタリングを行った結果が表 6.1 である。さらに，これをもとに日本地図を 3 色に塗り分けたものが図 6.3 である。一部に例外はあるが，地理的に隣接している都道府県が同一のクラスタに属しているのがわかる。

クラスタリングでは各クラスタがどのような特徴を持つかは必ずしも自明ではない。そのため，各クラスタが何を意味するかは，同一のクラスタを構成するアイテムの共通点やクラスタ間の違いを調査することによって判断する必要

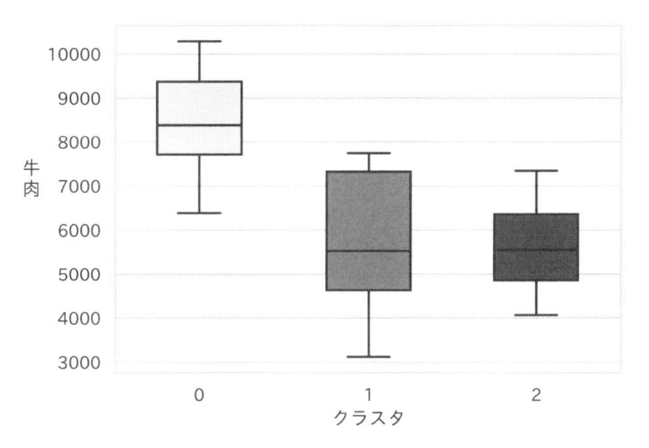

図 6.4 クラスタごとの牛肉の購入量の比較

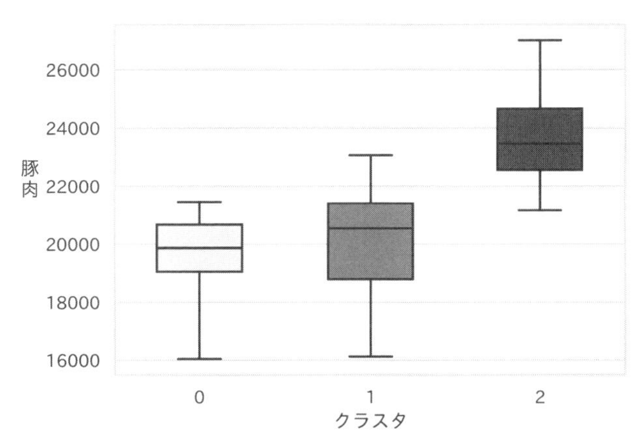

図 6.5 クラスタごとの豚肉の購入量の比較

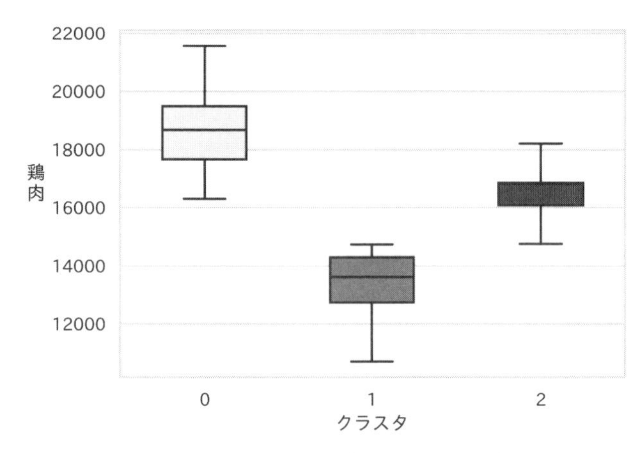

図 6.6　クラスタごとの鶏肉の購入量の比較

がある。今回はクラスタごとに牛肉，豚肉，鶏肉の購入量の違いを箱ひげ図 (図 6.4, 6.5, 6.6) で比較する。この図からクラスタ 0 は牛肉の購入量が大きく，クラスタ 2 は豚肉の購入量が大きい。クラスタ 1 は他に比べて多く購入しているものはないといった特徴があることがわかる。

6.2.3　パラメータの決め方

k-means を使用する際の重要なパラメータとしては，重心の初期値の選び方と k の値がある。アルゴリズムの STEP1 で紹介した重心の初期値の選び方はランダムに選ぶという単純なものであったが，この手法では，非常に近いアイテムが初期値として選ばれた場合に，適切にクラスタリングができないことがある。たとえば，図 6.1 において，3 つのクラスタの重心の初期値がいずれも右上から選ばれると，図 6.7 のようにうまくクラスタリングできない場合がある。これに対して，クラスタの重心の初期値を互いになるべく離れた位置にとる，k-means++などが提案されている。

k の値の決め方にもいくつかの方法がある。まず，データの分布を目視で確認して決める方法がある。たとえば，例題 6.1 では，図 6.1 を見て，$k = 3$ (もしくは $k = 2$) と決めただろう。一方，先ほどの肉類の購入量で都道府県をクラスタリングする例では，各都道府県は 3 次元のベクトルで表現した。このように 3 次元以上のベクトルで表現されるような場合は，ベクトルの次元を削減す

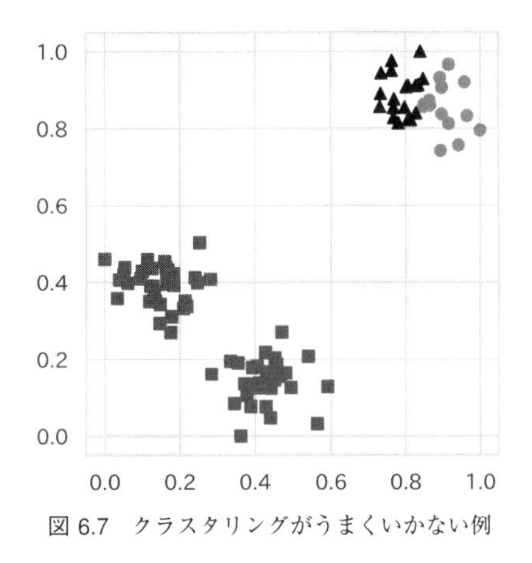

図 6.7 クラスタリングがうまくいかない例

る手法があり，2 次元空間の点として表現することができる。次元削減の代表的な手法には，主成分分析 (PCA)，多次元尺度構成法 (MDS)，t-SNE などがある。

■ **エルボー法**　k の値の決め方の別の方法の 1 つとして，**エルボー法**がある。この方法では，k の値を増やしながら，**クラスタ内平方和**を計算し，その値の変化から最適な k を求めるというものである。クラスタ内平方和は，クラスタに所属するアイテムとクラスタの重心の距離の 2 乗の総和であり，クラスタ内誤差平方和 (SSE) と呼ばれることもある。k に対してクラスタ内平方和は単調減少するが，最適な k を越えるとほとんど変化しなくなる。図 6.1 に対して，エルボー法を適用した結果を図 6.8 に示す。このグラフでは $k > 3$ ではほとんどクラスタ内平方和が変化しておらず，分割数としては 3 で十分であるため，$k = 3$ が最適であるとわかる。このグラフのように折れ線の曲がり具合が肘が曲がっているように見えるということがエルボー法の名前の由来である。

しかし，エルボー法を実データに適用した場合には，必ずしも最適な k が見つかるとは限らない。肉類の購入量で都道府県をクラスタリングする例にエルボー法を適用した結果を図 6.9 に示す。この図では，図 6.8 に比べて，クラスタ内平方和が 10^7 倍以上の値をとっているが，ベクトルの各要素の値が大きいためである。重要なのはグラフの形であるが，この図のグラフの形からは「肘」にあたる部分がわかりにくく，最適な k が選びにくい。このように，エルボー

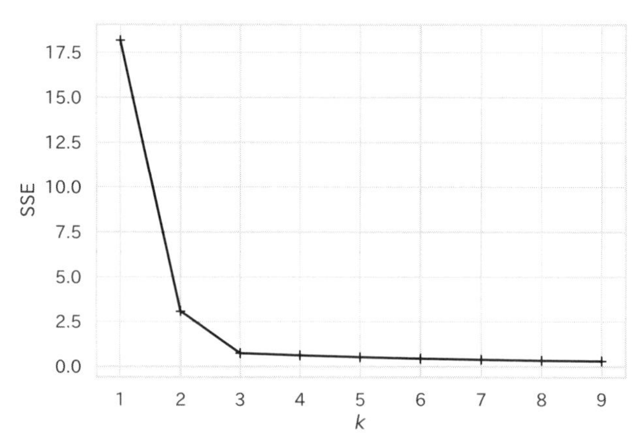

図 6.8　サンプルデータにエルボー法を適用した結果

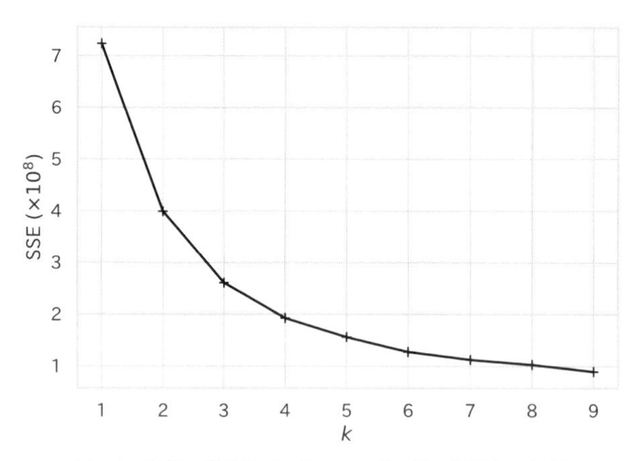

図 6.9　肉類の購入量データにエルボー法を適用した結果

法は k の決定法の 1 つではあるが，つねに有用であるというわけではない。

6.3　階層的クラスタリング

k-means ではクラスタの数をあらかじめ決める必要があったが，クラスタの数を決める必要のないクラスタリングアルゴリズムも存在する。その 1 つが階層的クラスタリングである。ここでは，階層的クラスタリングのうち凝集型クラスタリングを取り上げる。凝集型クラスタリングでは，まず，各アイテムがそれぞれ別々のクラスタであるとみなし，互いに近いクラスタから順にクラスタを統合していく。表 6.2 に示すアルゴリズムでは，クラスタ間の距離の定義は異なるが，クラスタの近さを距離によって定義し，距離が近いクラスタを統合していく。

表 6.2 クラスタ間の距離を用いた凝集型クラスタリング

アルゴリズム	クラスタ間の距離の定義
最短距離法 (single linkage method)	2 つのクラスタのそれぞれに含まれるアイテム間の距離のうち最も短いもの
最長距離法 (complete linkage method)	2 つのクラスタのそれぞれに含まれるアイテム間の距離のうち最も長いもの
群平均法 (group average method)	2 つのクラスタのそれぞれの任意のアイテム間の距離の平均
重心法 (centroid method)	2 つのクラスタの重心間の距離

ここで，**最短距離法**によるクラスタリングの例を図 6.10 に示す。この図では，各点がクラスタリングの対象であるアイテムを表しており，実線でつながったアイテムが 1 つのクラスタを構成していることを表している。図では，10 個のクラスタからスタートして，クラスタ間の距離が短い順にクラスタの統合が進み，クラスタ A (図の左側)，クラスタ B (図の下側)，クラスタ C (図の右上) の 3 つのクラスタが構成された状態である。次の段階では，点線で示されているクラスタ A–B, B–C, C–A 間の距離のうち，最も短いものが選ばれてクラスタが統合される。この例では A–B 間の距離が最も短いので，クラスタ A, B が

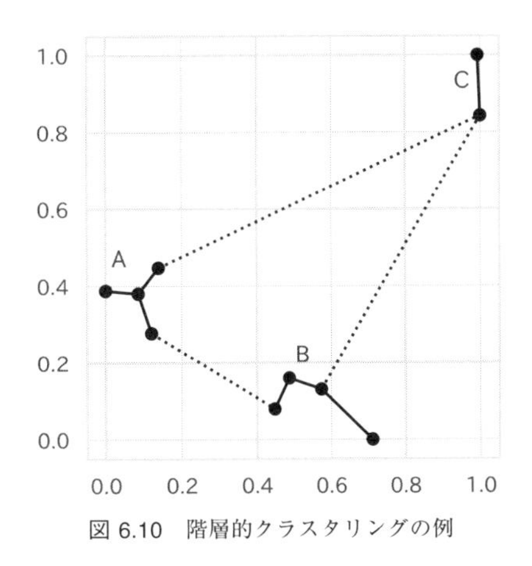

図 6.10 階層的クラスタリングの例

統合される。

■ **ウォード法**　　距離とは異なる基準でクラスタを統合するアルゴリズムの1つとしてウォード法 (Ward method) がある。ウォード法では，エルボー法で用いたクラスタ内平方和を用いる。このアルゴリズムでは，統合の対象となる2つのクラスタに注目し，統合の前後でクラスタ内平方和を求め，値の増加が最小となる2つのクラスタを選択して統合する。なお，エルボー法ではクラスタの数を増やしていったのでクラスタ内平方和の値は減少していったが，凝集型クラスタリングではクラスタの数を減らしていくため，値は増加していく。

6.2節で扱った，肉類の購入量で都道府県をクラスタリングする例について階層的クラスタリングを適用してみよう。ウォード法によってクラスタリングした結果を樹形図 (デンドログラムともいう) で表現したものが図6.11である。樹形図は各クラスタの統合の様子を表現するものであり，どの距離で各クラスタが統合されたかがわかる。たとえば，距離が15000のときは，図の鳥取市から高松市までのクラスタ，盛岡市から横浜市までのクラスタ，徳島市から富山市までのクラスタの3つのクラスタに分かれていることを意味している。同様に，距離が20000のときは鳥取市から高松市までのクラスタと盛岡市から富山市までのクラスタの2つのクラスタに分かれている。樹形図を詳しく見ることによってさまざまなことを知ることができる。たとえば，都道府県ごとにどの都道府県と近いかがわかる。また，鳥取市から高松市までの21市は距離が8000程度で1つのクラスタにまとまっているのに対し，徳島市から富山市までの13

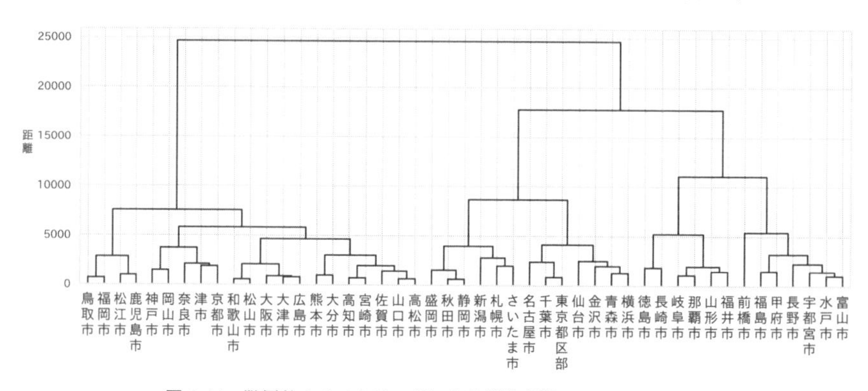

図 6.11　階層的クラスタリングによる都道府県のクラスタリング

市は距離が 10000 を超えないと 1 つのクラスタにまとまっておらず，前者よりも後者の方が互いに離れていることがわかる。

6.4 Python によるクラスタリング

Python によるクラスタリングの方法を見ていこう。X には各アイテムに対応するベクトルが入っているとする。$k = 3$ のときの k-means はコード 6.1 のように実行する。y_pred にはクラスタリングの結果が $0 \sim k-1$ (たとえば，$k = 3$ ならば $0, 1, 2$) の値で代入される。また，エルボー法によるグラフはコード 6.2 で描画できる。

階層的クラスタリングはコード 6.3 で実行できる。

コード 6.1 k-means ($k = 3$)

```
1  from sklearn.cluster import KMeans
2  k = 3
3  kmeans = KMeans(init="random", n_clusters=k)
4  kmeans.fit(X)
5  y_pred = kmeans.predict(X)
```

コード 6.2 エルボー法 ($1 \leq k < 10$)

```
1  import matplotlib.pyplot as plt
2  from sklearn.cluster import KMeans
3  sse = []
4  max_k = 10
5  for k in range(1, max_k):
6    kmeans = KMeans(n_clusters=k)
7    kmeans.fit(X)
8    sse.append(kmeans.inertia_)
9  plt.plot(range(1, max_k), sse, marker="+")
10 plt.xlabel("$k$")
11 plt.ylabel("SSE")
12 plt.show()
```

コード 6.3 階層的クラスタリング (ウォード法)

```
1  from scipy.cluster.hierarchy import dendrogram, linkage
2  from scipy.spatial.distance import pdist
3  import matplotlib.pyplot as plt
4  result = linkage(pdist(X, "euclidean"), "ward")
5  dendrogram(result)
```

```
6 plt.show()
```

章末問題

(1) 本章で扱っていない商品や食品の購入量や支出金額によって都道府県を k-means でクラスタリングせよ。

(2) 本章で扱った肉類の購入量のデータに対して，ウォード法以外の凝集型クラスタリングのアルゴリズムを用いてクラスタリングを行い，その結果を比較せよ。

Chapter 7
企業の応用ケース

本章では，企業によるデータ分析技術の応用事例を2つ紹介する。なお，いずれも実際のビジネスの現場におけるデータ活用の紹介であり，本文や図で開示できない内容については伏せたことを理解いただきたい。

7.1 あなたの好みの寿司ネタは？(スシロー：地域別に有効なキャンペーンの分析)

市場競争が激化する外食産業の中で，生き残りをかけて注力をしているのがITシステム。本節では外食の中でも成長を続ける回転寿司大手のスシローが先進的にITを導入し，ビックデータ解析を行っている事例について紹介する。スシローが実際に蓄積したすしの注文データというビックデータを用いて，どのような分析を行い，その分析結果に基づきどのような経営政策を行っているかを実際のデータをもとに記載している。本節によって，大学で学んだデータサイエンスが実業界でどのように活用されているのかの理解に寄与できれば幸いである。

7.1.1 スシローの紹介

スシローは「うまいすしを，腹一杯。うまいすしで，心も一杯。」を使命とし，ひとりでも多くの人にうまいすしを腹一杯食べてもらうことを目的とし，北海道から沖縄まで全国で500店舗以上の回転寿司を営業する会社である。

すしの国内市場規模は日本の人口減少を跳ね除け，現在も拡大を続けている(図7.1)。そのすし市場の成長を支えているのが低価格回転寿司(図7.2)[*1] で

---

*1) 低価格回転寿司とは1皿100円を基本価格とする商品構成を行っている回転寿司チェーンを示す。

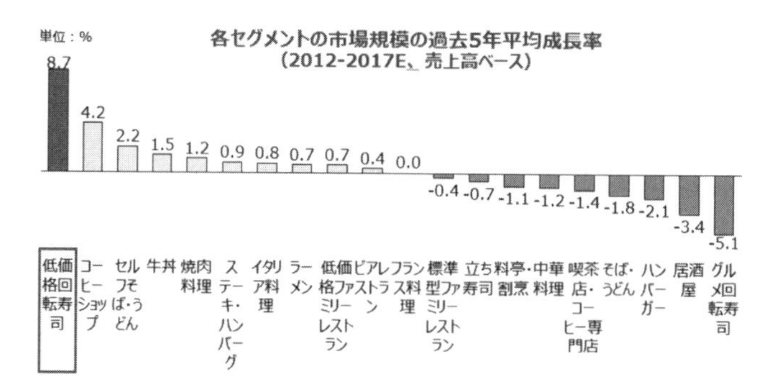

図 7.1 日本におけるすしの市場規模推移 (出典：富士経済「外食産業マーケティング便覧」2012〜2017 年版)

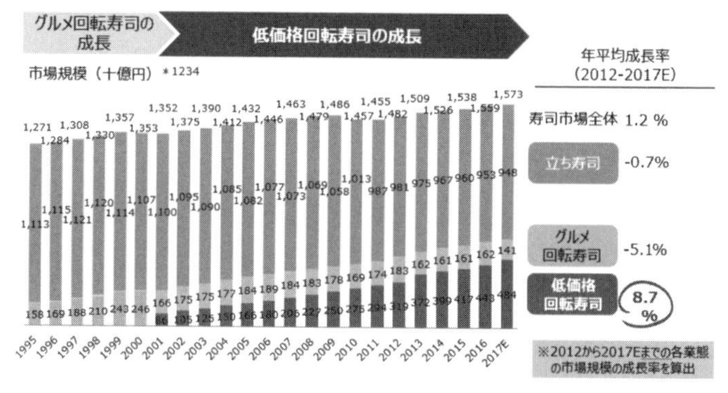

図 7.2 日本における外食セグメント別の市場成長率

あり，低価格以外の立ち寿司 *2)・グルメ回転寿司 *3) の市場規模は縮小傾向にある。ゆえに，他の外食産業と比較して，低価格回転寿司は日本国内で最も成長している外食領域といえる。

スシローは成長を続ける低価格回転寿司の中でもシェアの拡大を続け，2011年にシェア No.1 を獲得して以来，業界の先頭を走り続けている。そんな業界トップのスシローに来店していただくお客様の延べ人数は，1 年間で 1 億 5 千万人以上である。これは日本の人口を超えており，外食有数の客数を誇ってい

---

*2) 立ち寿司とは伝統的なカウンタータイプの寿司店を示す。

*3) グルメ回転寿司とは回転寿司の中で低価格回転寿司以外の基本価格が 100 円を超える回転寿司チェーンを示す。

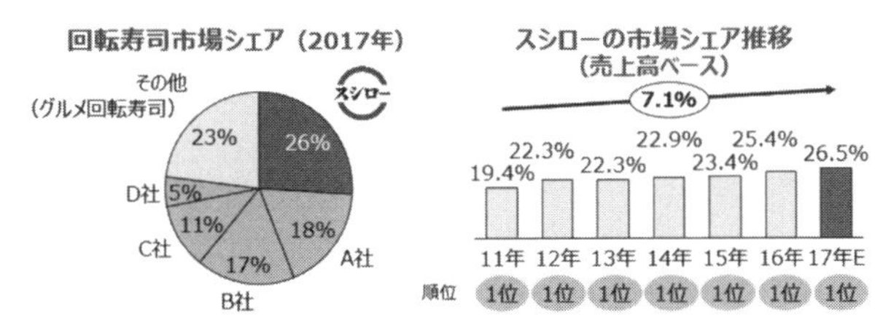

図 7.3　日本におけるすしにおけるスシローのシェア

る。1 年間で販売されるすしの皿数も 15 億枚以上であり，そのすべてのデータが分析可能である。

7.1.2　スシローを支える IT システム

業界内で他社を圧倒するスシローの競争優位性は，「仕入れ」，「店内調理」，「IT システム」の 3 つである。仕入れ・店内調理については味に関わる重要な要素であるが，外食としては珍しく IT システムも強みとする企業である。

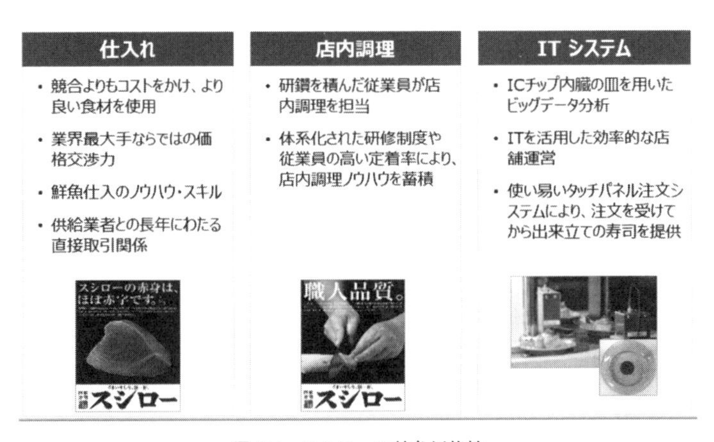

図 7.4　スシローの競争優位性

当社の強みである IT システムの根幹をなすのは自社で開発した「回転寿司総合管理システム」である。このシステムは全店に導入されており，メニューが注文された店舗や時間，客の位置といった 1 年あたり 15 億件以上のビッグデータを取得・管理している。

たとえば複数の客がまぐろを注文すると，過去のデータ傾向と照らし合わせ

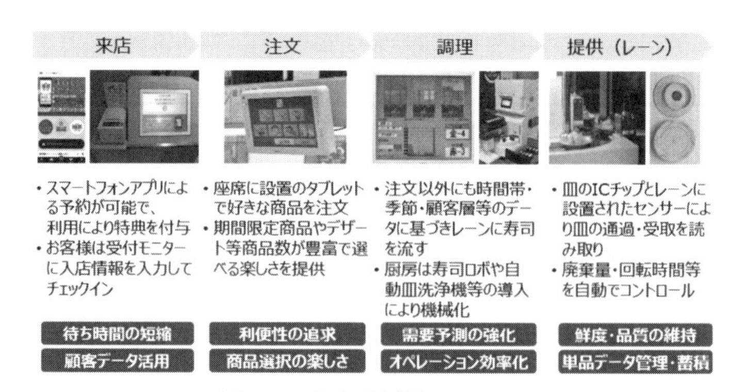

図 7.5 回転寿司総合管理システム

てリアルタイムに需要を予測 *4) し，これに合わせて調理担当の店員がレーンの上を回るまぐろの数を調整することで，経験や勘だけに頼ることなく調理を効率化している。

また，来店時に入力された客ごとの属性・人数を元に，テーブルごとにメニューが消費される量＝「喫食パワー」も可視化。席についてからの経過時間と過去のデータ傾向にもとづいてそれぞれの客の食欲をシミュレーションし，レーンに出すメニューの種類や量を調整している。

このシミュレーションは精度を高めるため 2 段階に分かれており，「1 分後予測」では着席からの時間を元に，「15 分後予測」では曜日や時間帯ごとの過去の注文傾向を元に，最適なメニューの量・種類がはじき出される。一般的な傾向としては，着席直後は一気に注文し，一定時間でぱったりと注文がやみ，最後にデザートを頼む割合が多い。

さらに「回転すし総合管理システム」には，皿ごとの IC タグからレーンの上を回っている距離を把握し，一定距離を過ぎたメニューは自動的に廃棄される仕組みも。たとえばまぐろなら 350 m 回ると自動廃棄され，客にとって常に新鮮なメニューが提供されると同時に，より売上に結びつきやすいメニューがレーンの上に残るようなシステムとなっている。

スシローはこの「回転すし総合管理システム」によって，メニューの廃棄率を削減しつつ，原価率を下げることなく，メニューの質を保ったまま業界トッ

---

*4) データの要約や予測の一般的手法については，2 章，4 章，5 章を参照。

プを獲得・維持できている。

7.1.3 スシローのすしランキング

スシローでは 100 を超えるすしを販売しており，それらのすしの中で 1 年間の注文データを分析して売上ランキングをまとめたものが図 7.6 である。

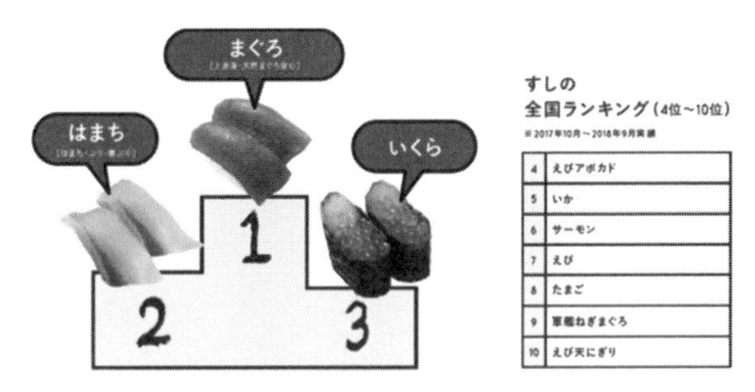

図 7.6 スシローのすし全国ランキング

全ネタの中で最も売れているのは，すしの代表メニューでもありスシローの看板商品でもある「まぐろ」。全店で 1 日あたり平均 16 万皿も食べられており，年間では 5800 万皿ものまぐろが消費されている。これは 0.3 秒ごとに 1 皿食べられている計算である。そして 2 位は鮮魚の「はまち」であり，3 位はスシローが元祖の創作ずし「えびアボカド」である。

図 7.6 では全国で分析を行っていたが，都道府県別に見るとどうであろう。図 7.7 にまとめている。

見ての通り，全国ランキングでは 1 位の「まぐろ」は多くのエリアで 1 位にランキングされているが，東日本に比べて西日本では比較的「はまち」のほうが売れている。これは「はまち」の養殖地が海水の温かい西日本中心に位置しており，古くからよく食べられていたことに起因していると考えられる。また，関西では活かり気 (身のコリコリ感) を好むため，スシローでは西日本エリアでは東日本エリアに比べて店舗に届くまでの納品時間を短くして新鮮な活かり気ある「はまち」を提供していることも人気の要因と考えられる。

また特徴的なのが北海道である。全国的には「まぐろ」・「はまち」が上位 2 位を独占している中，北海道だけは「はまち」を抑えてサーモンが 2 位にラン

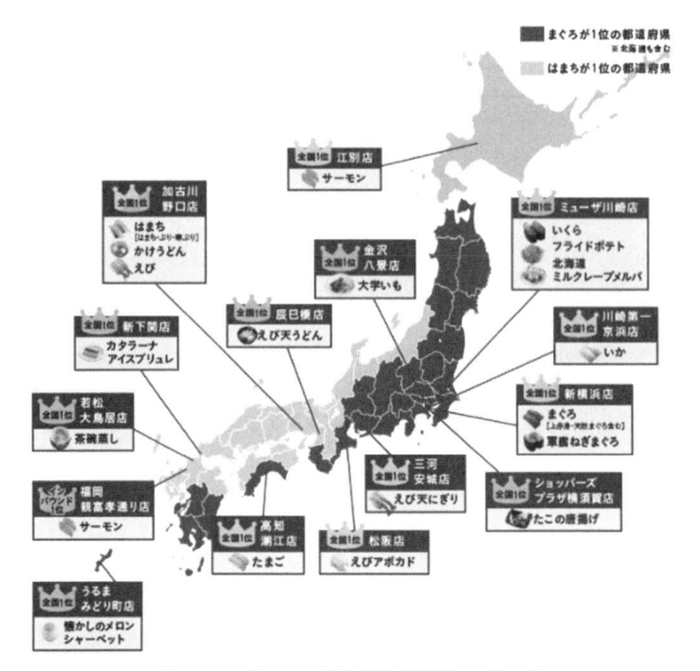

図 7.7　スシローのすし都道府県別ランキング

クインしている。「はまち」同様に産地に近いところはそのネタが上位にランキングしている。

都道府県ごとの売上ランキングだけではなく，ネタごとのランキングでも地域の特徴を読み取ることができる。たとえば，「かぼちゃの天ぷら」・「たこの唐揚げ」といった揚げ物メニューは，大学・高校や米軍基地といった若者が多く集まる店舗で全国 1 位の売上を記録している。「えび天にぎり」は古くからエビフライが愛される愛知の店舗で，「いか」は国内有数の水揚げを誇る青森の店舗でそれぞれ全国 1 位の売上を記録している。

7.1.4　スシローの経営へのフィードバック

スシローではランキング (7.1.3 項) を含めて商品の売れ行きを日単位でデータ集計し，それに基づき迅速な経営判断を行っている。現場では日次で業績を確認し，経営層は週次や月次の経営会議において集計したデータをもとにその後の販促計画や仕入れ計画を策定している。

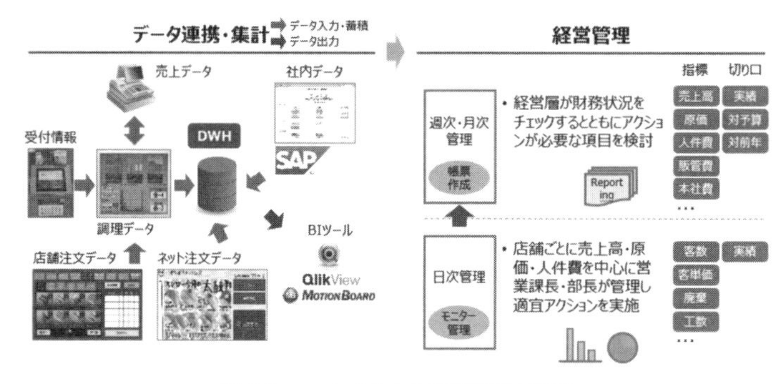

図 7.8　IT システムと経営管理の連携

全国 500 店舗を超えて更なる拡大を続けるスシローでは，全店舗一律同じメニューを提供しようとすると大量の仕入れを行う必要があり，希少魚などの販促が打ち出しにくくなっている。その対策として，地域の特徴を活かした，販促計画の策定を実施している。これはビックデータ解析により導き出された地域特性を活用して，その地域で好まれるメニューを積極的に販促品として打ち出すことで顧客満足度を高める手法である。

このようにスシローの成長を支えるのは IT システムによる効率的な店舗運営にあるといえる。

7.2　サテライトオフィスの立地戦略 (ザイマックスグループ)

日本企業のビジネスは，経験と勘に頼る意思決定がなされることが多いといわれてきたが，近年ではデータに基づいた意思決定の重要性が広く認識されるようになった。長い歴史を持つ事業形態では，経験と勘による意思決定が有効な一面もある。しかし，新たなビジネスモデルを展開する場合には，過去の経験の蓄積が少ないため，データを分析することで現状を正確に把握し，想定される結果を論理立てて予測した上で意思決定することが重要である。

本節では，不動産総合サービス企業である株式会社ザイマックス *5) が展開

*5)　株式会社ザイマックスは，2000 年に株式会社リクルートから MBO (Management Buy Out) により独立し，社員 89 名でスタートした企業である。ビルマネジメント (BM)，プロパティマネジメント (PM)，アセットマネジメント (AM) など，不動産の管理，経営代行，資産運用を一元的に提供し，総合的な不動産サービスを提供する企業グループである。

するサテライトオフィスサービス ZXY (ジザイ)[*6)] を例として，新たに生まれたビジネスモデルを成功させるために，企業がどのようにデータ分析を活用しているのか，また，データを意思決定に役立てるためにはデータの可視化が重要であることを中心に紹介する。

7.2.1 ZXY ワーク事業の概要

ZXY は，ザイマックス社内で 2015 年に行われた新規事業コンペの優秀作品が実現したものである。この事業が提供するサービスは，主に企業に勤めるオフィスワーカーが会社の主な事務所以外の場所で働くことを可能にする ZXY と呼ばれるサテライトオフィスである。ZXY の各拠点には，図 7.9 に示すような，ブース席，個室席などの個人作業ができる空間や，少人数で簡単な打ち合わせや接客が可能な会議室が用意されている。さまざまな検討を経て 2016 年に最初の ZXY 拠点をオープンし，現在では首都圏の拠点数合計 50 カ所以上になり，関西圏にも拠点を展開している。

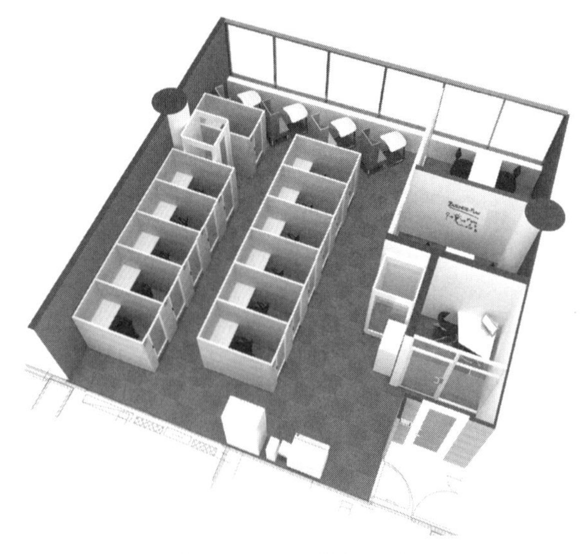

図 7.9 ZXY の室内パース

---

*6) ジザイワーク事業が提供するサービスの詳細は右のウェブサイトを参照。https://zxy.work/

当初ターゲットとした利用者は，外出の多い営業職のビジネスマン (営業マン) であった。東京には，丸の内や新宿など企業が多く立地するビジネス地区が複数存在し，異なるビジネス地区の間の移動には時間がかかる。自社のオフィスと異なるビジネス地区の顧客を訪問することが多い営業マンは，往復に 1 時間以上の時間をかけて自社オフィスと顧客の間を行き来することもある。そこで，営業マンが効率的に時間を使えるように，営業マンが顧客とのアポイントの合間に自社のオフィスに戻ることなく仕事ができる場所を提供するサービスとして，東京の都心部に複数の ZXY 拠点を設置した。

このように，当初の ZXY は営業マンが隙間時間で利用するニーズを捉えるものであるため，比較的高頻度で短時間の利用を想定したビジネスであった。しかし，実際にサービスを開始した後に利用者の利用状況を分析した結果，比較的都心から離れた拠点では 1 日の平均利用時間が長いこともわかった。この分析結果は，自宅から自社オフィスまで通勤せずに，自宅の近隣あるいは自社オフィスへの通勤途中にある ZXY 拠点を朝から夕方まで比較的長時間利用するワーカーが一定数存在することを示唆していた。

そこで，企業の働き方改革の推進に伴いリモートワークが普及し始めているトレンドも考慮し，当初より想定していた高頻度短時間利用ニーズに加えて，終日利用するニーズも捉えるため，都心部から離れた郊外にも拠点を設置し，いわゆるサテライトオフィスとしての利用ニーズも取り込むこととした。

7.2.2 ZXY におけるデータ分析

ZXY におけるデータ分析の主な目的は，利用者の利用履歴を分析して各拠点の稼働状況を正確に把握し，事業戦略や新たな拠点の開設などの意思決定に活用することである。新しいビジネスモデルに基づく事業では，売上や利用者数はどのように推移しているか？ それは想定した目標値を上回っているのか？ 下回っているのか？ といった経営の状況を，感覚ではなく数値で正確に把握することが重要である。しかし，ZXY の利用履歴データは膨大であり，登録者数は 21 万人超 (約 1200 社)，1,181 社，全国の 68 拠点に刻々と予約がなされ，これが毎日蓄積されていく (2020 年 1 月現在)。利用状況の全体像を把握するためには，この膨大な利用履歴データを集計し視覚化する必要がある。ここで紹介する一連のデータ分析では，利用者の利用履歴データだけでなく，公的なウェブサイトなどで公開されている統計データも組み合わせて利用している。まず，それらのデータの取得方法と，分析のためのデータ加工の概要を簡単に紹介する。

利用者の利用履歴データは，予約システムから取り出した利用者の予約データと，実際の入退室履歴を組み合わせて加工する。予約システムには次のようなかたちでデータが蓄積されていく。利用者はZXY拠点を利用する際に，予約のための専用のウェブサイトを訪問して利用予約をする。利用者はウェブサイトにログインし，画面の指示に従い利用したい日付と拠点を選択し，表示された時間帯別の利用可能な座席の一覧から希望の座席と時間帯を指定し予約を行う。

また，実際に利用者が利用した時間を知るため，店舗の出入り口に設置されているセキュリティーゲートの開閉を記録したデータも活用される。ZXY拠点では，個々の利用者の入退出管理がされており，利用者は入退出に際してオフィス出入口に設置されたタブレット端末に自身の識別情報が記録された二次元コードをかざす。そこで予約情報との照合が行われ，その時間帯にその店舗で予約されていることが確認されると，エントランスのドアが開錠される仕組みになっている。その際，利用者の入店時間と退店時間が記録されるため，それらを上述の予約データと紐づけることで実際の利用や延長利用の有無の判定を行う。このようにして，利用履歴は図7.10のような形式でデータベースに記録される。データ分析には，このようにしてデータベースに記録された予約情報を利用する。

この予約履歴データを集計，加工することで図7.11のような各拠点の利用状況や混雑度を示すデータを得る。しかし，このようにして得られたデータは，利用状況や混雑度を数値として示しているものの，依然として長大なデータであり，このままでは直感的に理解することが難しい。

そこで，ザイマックスではBIツールなどを用いてこのデータを図7.12のように視覚化しグラフとして表現することで，直感的に把握できるようにしている。ここでBIツールとは，「ビジネスインテリジェンスツール」の略で，企業が持つ膨大なデータ(本節の例では，オフィスの稼働状況についてのデータ)を，

予約ID	利用予定日	開始時刻	終了時刻	店舗ID	店舗名	座席ID	座席名	ユーザーID	企業ID	予約日時
1905024741	2019/6/4	9:15	15:00	27	A	389	個室7	4256	7	2019/5/21 5:19
1905024742	2019/6/4	15:00	18:30	27	A	389	個室7	4256	7	2019/5/21 5:20
1905024829	2019/6/4	8:00	20:00	13	B	210	ブース席6	173526	455	2019/5/21 7:52
1905024829	2019/6/4	8:00	8:30	13	B	210	ブース席6	173526	455	2019/5/21 7:52
1905024834	2019/6/4	9:00	20:00	13	B	213	個室8	99152	6	2019/5/21 7:53
1905025061	2019/6/4	13:00	15:00	5	C	72	ブース席1	53378	304	2019/5/21 9:10
1905025071	2019/6/4	12:30	14:45	23	D	338	個室12	23484	304	2019/5/21 9:13
1905025072	2019/6/4	12:00	12:30	23	D	338	個室12	23484	304	2019/5/21 9:13
1905025077	2019/6/4	9:00	17:30	27	A	390	個室9	23198	9	2019/5/21 9:15
1905025077	2019/6/4	9:00	9:45	27	A	390	個室9	23198	9	2019/5/21 9:15
1905025080	2019/6/4	9:00	19:00	27	A	391	個室10	82836	3	2019/5/21 9:16
1905025113	2019/6/4	8:45	13:15	2	E	16	ブース席1	205704	1099	2019/5/21 9:26
1905025113	2019/6/4	8:45	13:00	2	E	16	ブース席1	205704	1099	2019/5/21 9:26
1905025122	2019/6/4	14:45	17:00	23	D	339	個室13	207023	587	2019/5/21 9:28
1905025183	2019/6/4	8:00	20:00	28	F	424	個室22	127923	793	2019/5/21 9:38
1905025184	2019/6/4	8:00	20:00	10	G	174	個室14	127923	793	2019/5/21 9:38
1905025185	2019/6/4	8:00	20:00	9	H	150	個室13	127923	793	2019/5/21 9:39
1905025186	2019/6/4	8:00	20:00	11	I	191	個室13	127923	793	2019/5/21 9:39

図 7.10 集計結果：表形式 (ピボット前)

利用予定日	時刻	利用有無	店舗ID	店舗名	座席ID	座席名	予約ID	ユーザーID	企業ID	予約日時
2019/6/4	8:00	0	27	A	389	個室7				
2019/6/4	8:15	0	27	A	389	個室7				
2019/6/4	8:30	0	27	A	389	個室7				
2019/6/4	8:45	0	27	A	389	個室7				
2019/6/4	9:00	0	27	A	389	個室7				
2019/6/4	9:15	1	27	A	389	個室7	1905024741	4256	7	2019/5/21 5:19
2019/6/4	9:30	1	27	A	389	個室7	1905024741	4256	7	2019/5/21 5:19
2019/6/4	9:45	1	27	A	389	個室7	1905024741	4256	7	2019/5/21 5:19
2019/6/4	10:00	1	27	A	389	個室7	1905024741	4256	7	2019/5/21 5:19
2019/6/4	10:15	1	27	A	389	個室7	1905024741	4256	7	2019/5/21 5:19
2019/6/4	10:30	1	27	A	389	個室7	1905024741	4256	7	2019/5/21 5:19
2019/6/4	10:45	1	27	A	389	個室7	1905024741	4256	7	2019/5/21 5:19
2019/6/4	11:00	1	27	A	389	個室7	1905024741	4256	7	2019/5/21 5:19
2019/6/4	11:15	1	27	A	389	個室7	1905024741	4256	7	2019/5/21 5:19
2019/6/4	11:30	1	27	A	389	個室7	1905024741	4256	7	2019/5/21 5:19
2019/6/4	11:45	1	27	A	389	個室7	1905024741	4256	7	2019/5/21 5:19
2019/6/4	12:00	1	27	A	389	個室7	1905024741	4256	7	2019/5/21 5:19
2019/6/4	12:15	1	27	A	389	個室7	1905024741	4256	7	2019/5/21 5:19

図 7.11 集計結果：表形式 (ピボット後)

迅速な意思決定 (稼働状況が良いか悪いかの判断) ができるように，視覚化することを助けるツールである。大量のデータを直接読み取ったり，一目でわかるようにグラフ化したりすることは特にデータ分析技術を持っていない企業経営者には困難であるため，近年，BI ツールの需要が増えており，ソフトウェアも市販されている。

ザイマックスの ZXY における利用状況の理解の第 1 段階は，事業の成長を測るために，全体の利用時間の推移を見ることから始まった。そして，以上で紹介した方法により得られたデータを活用することで，詳細な単位での利用状況の集計が可能になり，事業の方向性に関わる重要な意思決定にもこれらの分

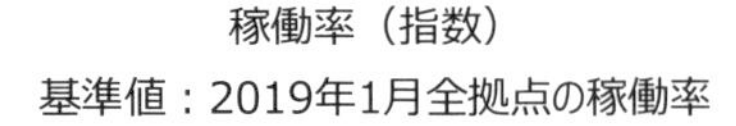

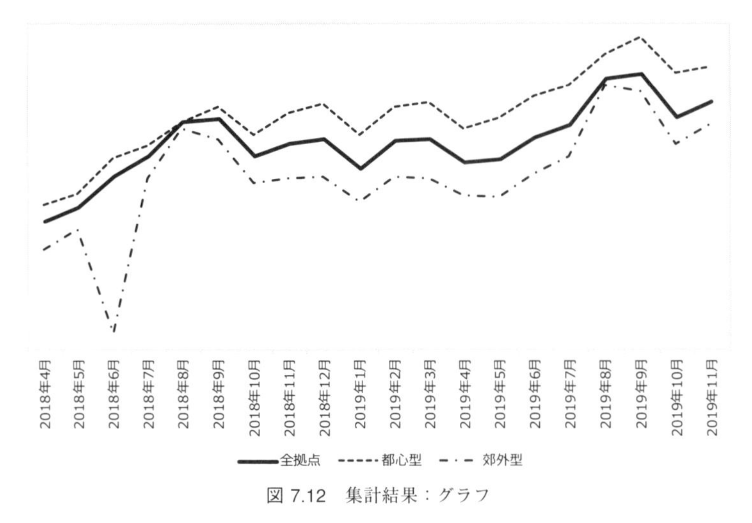

図 7.12 集計結果：グラフ

析結果が活用されるようになった。

たとえば，拠点ごとの稼働率を算出し，拠点間の利用状況の比較をしたことで，人気のエリアとそうでないエリアがわかるようになった。そして，さらに細かく座席の種類ごとの稼働率を見ることで，利用が集中する座席種別とそうでない座席種別の違いが浮き彫りになり，これは新しい拠点を開設する際の立地選定，座席種別ごとの席数配分の検討に活用されている。また，少し視点を変えて，利用状況を顧客企業別に視覚化することで，企業によるサービスの浸透度の差がわかるようになった。あまり利用が浸透していないと考えられる企業があれば，顧客企業の担当者との面談を通じてその原因を探り，利用促進のための新たな提案に結び付けることが可能となった。

7.2.3 新規拠点開設の検討に活かされるデータ分析 1：公的統計データを用いたデモグラフィック分析

また，新規拠点の開設にあたっては，潜在的な利用者が多く居住している場所あるいは働いている場所を知り，それに基づいて利用者が使いやすそうなロケーションに拠点を開設することが有効である。そのため，どのようなところに利用者がいるのか，どのような立地であれば利用者の使い勝手がよいのかを分析して，新たな拠点の候補地を選定していく必要がある。

ZXY のサービスの目的のひとつは，企業に勤めるワーカーの移動時間を節約し，時間的業務効率を高めることである。これが従業員の業務効率を向上したい顧客企業が ZXY を導入する動機となる。企業に勤めるワーカーが移動する動線上に ZXY 拠点があれば，そこで働くことで通勤時間を短縮することができる。そのため，ZXY 拠点は，通勤するオフィスワーカーが多い郊外からの鉄道路線上の駅周辺に開設することが効果的であると考えられる。このような考え方に基づいて，ザイマックスでは公的なウェブサイトなどで公開されている統計データを活用して新規拠点を開設するのに適したロケーションを分析している。

この分析には，国勢調査の夜間人口や昼間人口，駅乗降客数に関する統計データ，またパーソントリップ調査の結果を用いている。これらの統計データは，総務省統計局の「e-Stat*7)」や，国土交通省の「国土数値情報ダウンロードサービス *8)」などから得られる。これらのデータは GIS (地理情報システム) を用いて視覚化することができる。

夜間人口のデータからは人々が多く住んでいる場所がわかり，昼間人口のデータからは人々が多く働いている場所がわかる。また，駅乗降客数からは人々が多く利用する鉄道路線や駅がわかる。これらのデータを組み合わせ，夜間人口の多いエリアと昼間人口の多いエリアをつなぐ鉄道路線上で，乗降客数の多い駅を ZXY の立地として有望な候補地として探していく。また，パーソントリップ調査 *9) は，首都圏の任意の 2 地点間を移動する人口が移動の目的と手段別に調査されており，この分析においては非常に有効なデータである。しかし，この調査は 10 年ごとに行われるため，本稿執筆時点 (2019 年 12 月) で最新のデータは 2008 年に調査されたものであることから，調査時点から約 10 年が経過している。そのため，現在この分析では主に国勢調査のデータを用い，パーソントリップ調査から得られる情報は参考として活用している。

---

*7) e-Stat：https://www.e-stat.go.jp/

*8) 国土数値情報ダウンロードサービス：https://nlftp.mlit.go.jp/ksj/

*9) 東京都市圏交通計画協議会：https://www.tokyo-pt.jp/person/01

このようにして，新規に開設する拠点の適地を探す分析では，視覚化された昼間人口，夜間人口，駅の乗降客数などを参考にしながら，企業に勤めるワーカーの通勤の動態を推測することで，拠点開設に適した立地を評価する。

7.2.4 新規拠点開設の検討に活かされるデータ分析２：既存拠点の混雑緩和を目的とした新規開設立地の評価

さらに，新規拠点の開設を考える上で，利用者の需要を分散することによる既存拠点の混雑の緩和についても考える必要がある。近年の働き方改革の推進などの社会的な後押しもあって，ZXY の利用者は増加の一途をたどっている。それに伴って各拠点の稼働率も上昇し，空席が少なくなってきたことから，特に混雑している拠点では利用者から予約がとりにくいという声が上がることもあった。そこで，ザイマックスでは，稼働率の高い既存拠点の混雑を緩和する目的で追加出店を検討するためのデータ分析も行われている。この分析では，拠点の立地による使われ方の特徴や，複数の拠点間での利用の関係性をみる。そのため，以下の３つの観点で各拠点の利用状況の集計を行った。

- 利用者の利用時間と利用頻度
- 各拠点の利用者が同じ拠点を利用する頻度
- 各拠点の利用者が利用する他の拠点

その結果，拠点の利用のされ方は大きく「都心型」と「郊外型」に大別できることがわかった。具体的には以下のような利用の傾向が認められた。

1) 都心型の拠点は，１回あたりの利用時間は短いが，高頻度に利用されている。
2) 郊外型の拠点は，利用頻度は低いが，１回あたりの利用時間が長い。
3) 都心型の拠点を利用する利用者は，近接した複数の拠点を併せて利用する傾向が強い。
4) 郊外型の拠点を利用する利用者は，特定の拠点のみを集中して利用しており，他に利用する拠点がある場合は，同一路線のターミナル駅にある拠点である。

この分析結果から，混雑を緩和するためには拠点のタイプによって２つの戦略が有効であることが考察され，事業戦略に役立てられることとなった。まず，都心型拠点の混雑緩和に向けての戦略は，利用状況の相関が強い拠点を抽出し，それら拠点群に対して地理的に近い場所に出店することである。また，郊外型の拠点の混雑緩和のための戦略として，同一路線の主要駅周辺に立地する拠点に利用を誘導することが有効と考えられる。これらの施策により利用の分散を図り，需給バランスを改善している。

7.2.5 企業の意思決定のためにデータを分析し視覚化する意義

組織にデータを通じた事業状況の理解が広がっていくと，事業戦略の意思決定にデータ分析が直接関与する状況に発展していく。最後に，実際に出店戦略にデータ分析が活用される様子を紹介する。

前項までに紹介したように，データ分析は事業戦略に関わる意思決定に有効である。しかし，実際の意思決定の場面では，単にデータを集計・分析するだけでなく，意思決定者が一目でデータ分析の結果を理解して意思決定に活かすことができるように，BI ツールや GIS を用いてグラフや地図などにより視覚化することが効果的である。

図 7.13 は，特定の候補地に ZXY 拠点の出店を意思決定するための資料のイメージである。この資料には，これまでに紹介してきた新規拠点の開設を検討する際に使われる指標がまとめて掲載されている。具体的には，特定の拠点開設候補地について，周辺の昼間人口，夜間人口，最寄り駅からの徒歩分数，最寄り駅の乗降客数，最寄り駅路線の総利用者数を，意思決定者が一目で見てわかるようにまとめたものである。さらに資料中には，すでに開設している拠点との比較のため，それぞれのデータが，開設済みの拠点の全体の平均に対してどの程度のレベルにあるかスコア化した指標が表示される。

過去の分析を通じて，これらの指標と開設後の拠点の稼働状況の間には相関関係があること，また，立地が都心か郊外かで各指標の影響の強弱も異なることがわかっている。たとえば，都心型拠点では昼間人口が特に重要であるが，郊外型拠点では夜間人口や最寄り駅路線の総利用者数の重要性が相対的に増すといったことである。新規拠点の開設を決定する際には，こうした指標を踏まえて収益性や将来性を評価し，意思決定することになる。

このように，さまざまなデータを多面的に分析することで，新規出店にあたっ

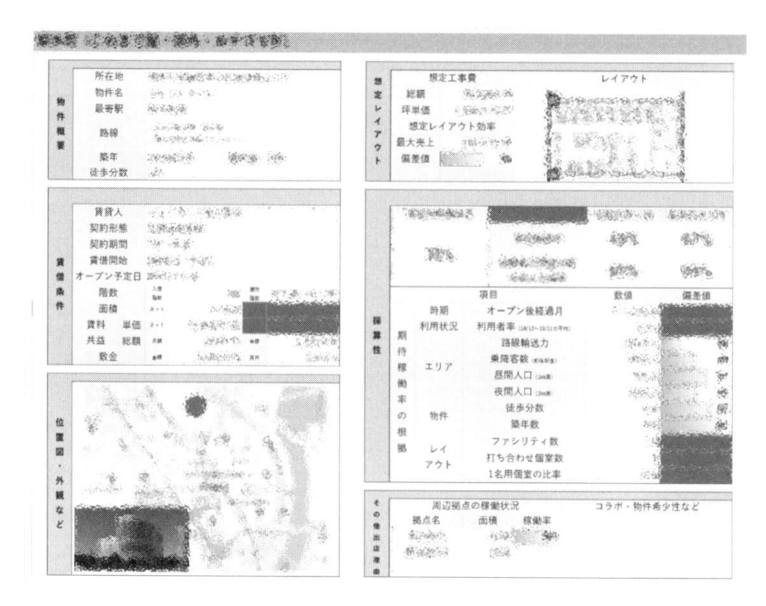

図 7.13　出店候補となる拠点を評価する資料のイメージ

て見るべき指標を明確化することができる。また，それらの指標を効果的に視覚化することにより，企業の経営層はデータに基づいてスピーディーに意思決定することが可能になる。

データに対する慣れ親しみの度合いは，人によってばらつきが大きい。データを数値そのものとして見せるのではなく，グラフや地図を通じて視覚化することで，普段データに慣れ親しんでいない多くの人も分析の結果を概観して理解することができる。視覚化されたデータを通じて，組織の参加者に等しく情報が共有されれば，組織における意思決定や合意形成も迅速で正確なものになる。データ分析の結果を効果的に視覚化することにより，データ分析は事業戦略を決定していくために，より有効な手段となるだろう。

データ分析は人間の思い込みを補正し，意思決定をより客観的に正しい方向へ導くことを可能にする。事業の現場のみならず，経営に直接的に関わる意思決定など，より高いレベルの意思決定に活かされてこそ，データ分析のインパクトは大きなものとなる。データに基づいた意思決定が，今後より一層普及することが望まれる。

Chapter A

本書のプログラムを実行する環境の構築

本書に記載のプログラムを実行するためには，Python のプログラムを手持ちのパソコンなどで実行できるようにする必要がある。プログラムの実行を可能にする作業のことを，環境構築という。

パソコンやワークステーションの OS (オペレーティングシステム) には Windows，Mac，UNIX，Linux などがあるが，Python の環境を構築すれば，どの OS であっても，本書のサンプルコードは実行可能である。本章では，最も普及している Windows で，Anaconda を利用して Python の実行環境を構築する方法を説明する。

Anaconda を利用する利点は，本書が対象とする初心者や，これから Python を学ぶ人にとって必要と考えられる，プログラミングのための部品 (ライブラリと呼ぶ) が一通り揃っていることである。Anaconda を利用して環境構築すると，データサイエンスを学ぶ上で必要なライブラリが同時に導入される。たとえば，NumPy (数値計算のためのライブラリ)，SciPy (配列計算を高速に実行するためのライブラリ)，pandas (表計算などデータ解析を支援する機能)，scikit-learn (機械学習)，Jupyter notebook (ブラウザ上で Python プログラムを編集したり実行したりする作業を支援するライブラリ) などである。

また，Python は，オープンソースのプログラムであり，世界中のプログラマが，各ライブラリを日々改良しているため，各ライブラリの新しい版が不定期的に発表される。Python ではいくつものライブラリを利用するため，最新のライブラリを利用するためには個別に作業が必要であるが，Anaconda を利用する場合，1 つのコマンドで，すべてのライブラリを一括で最新の状態に更新することが可能である。

なお，上記で，「Python を学ぶために向いている」と述べた通り，Anaconda

による環境構築は，あくまでPythonやデータサイエンスを学ぶために適しているという意味であり，Pythonプログラムの用途によっては，他の方法で環境構築をした方がよい場合もある。あなたが将来，Anacondaで構築した環境が用途に合わなくなった場合には，他の環境も調べるとよい。python Japan (`https://www.python.jp/index.html`) には，Pythonの環境構築に関する最新の情報が提供されている。またたとえば，Google社が提供するGoogle Colaboratory (`https://colab.research.google.com/notebooks/welcome.ipynb?hl=ja`) は，同社のサービスを利用するためのアカウントを作成しなければならないが，ライブラリの管理などは同社が行うため必要がなく，また，手持ちのPCに関係なく高速なプログラムの実行が可能となるため，Pythonの実行環境として優れている。

A.1　Anacondaによる環境構築

Anacondaを導入するためには，はじめに，パッケージと呼ばれる環境構築のためのソフトウェアを入手する。URL (`https://www.anaconda.com/products/individual`) にブラウザを利用してアクセスし，画面下の方に行くと，各種OS向けのAnacondaインストーラーがある (図A.1) Windows PCで環境を構築するには，「ウィンドウズ」の中から，自分のPCに合っている方を選んでクリックすると，インストーラーをダウンロードできる。なお，2020年5月末以

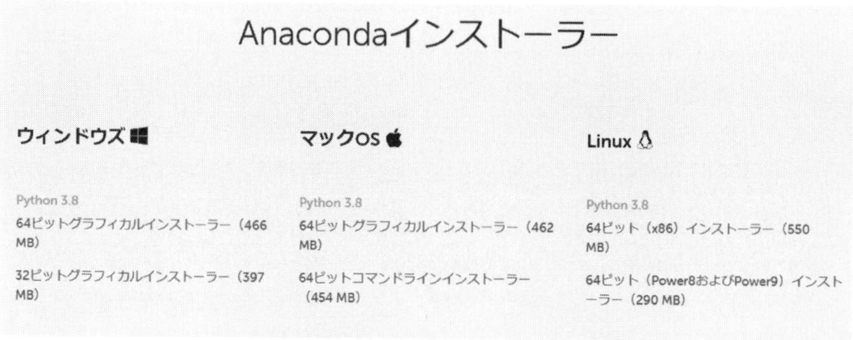

図A.1　Anacondaのインストーラーの選択

降，Windows10 は 32 ビット対応を終了しており，これ以降の Windows10 の PC であれば，64 ビット版を選んでおけばよい。

また，Anaconda インストーラーのファイルサイズは大きいので，ダウンロードする際にはデータ使用量に応じて課金されない環境で実行することを推奨する。さらに，自分の PC が 64 ビットか 32 ビットかわからない場合は，「Windows の 64 ビットと 32 ビットの違い」などのフレーズで検索すれば，その確認方法の説明ページを探すことができる。

インストーラーをダウンロードしたら，そのファイルをダブルクリックすると図 A.2 のようにインストールが始まる。はじめに，Next をクリックする。

図 A.2 Anaconda のインストールその 1

次に，ライセンス条項への同意が図 A.3 のように求められるため，クリックして進める。

次にどのユーザが Anaconda を使えるようにセットアップするか質問される (図 A.4) が，初めは気にせずに Next を押して進めてもよい。なお，Windows10 では，PC を最初にセットアップする際のユーザ名として「山田太郎」のような漢字を使うことができる。漢字でユーザ名を設定した場合には「All Users」を選択した方がよい。Anaconda に限らないが，Python プログラムを開発し

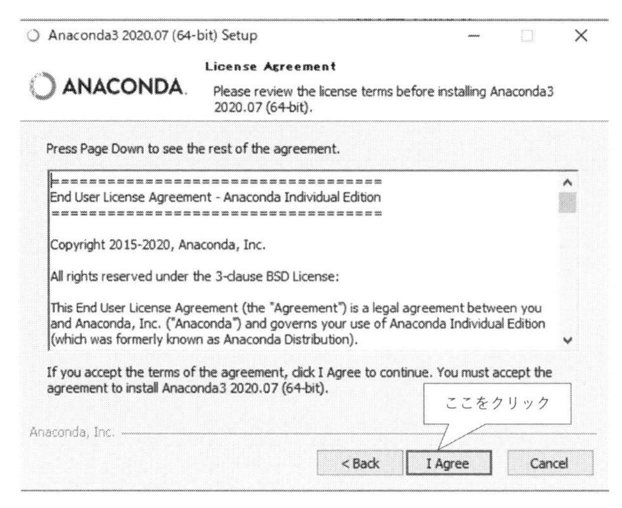

図 A.3 Anaconda のインストールその 2

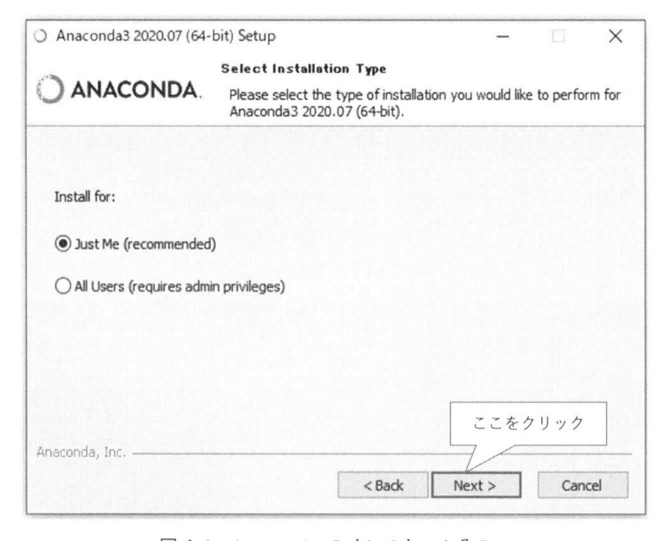

図 A.4 Anaconda のインストールその 3

たり実行したりする際に必要なファイルが置いてあるディレクトリの名前に漢字が含まれていると，実行時にエラーが発生する場合がある。

次に，どのディレクトリに Anaconda をインストールするか質問される。図 A.5 のダイアログ下部に，必要なディスク容量 (2.7 GB) と，空いているディス

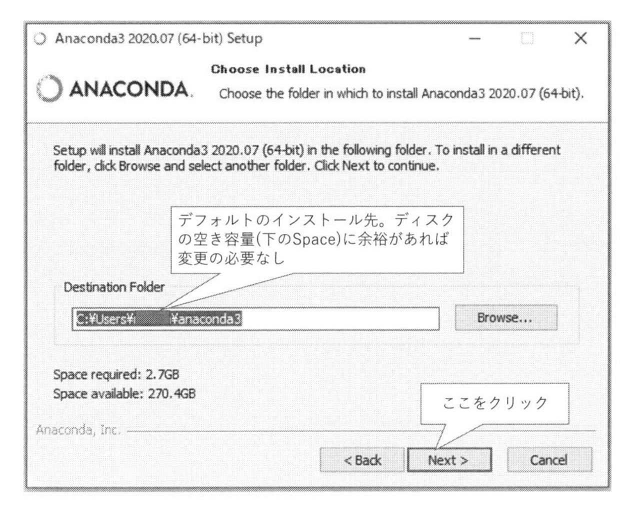

図 A.5　Anaconda のインストールその 4

ク容量 (270.4 GB) が表示されるので，問題なければそのまま Next をクリックして進める。

次に，Windows の環境変数 PATH の値を変更するか，ダイアログで質問されるが (図 A.6)，最初はこのオプションを変更せずに Install ボタンを押して，

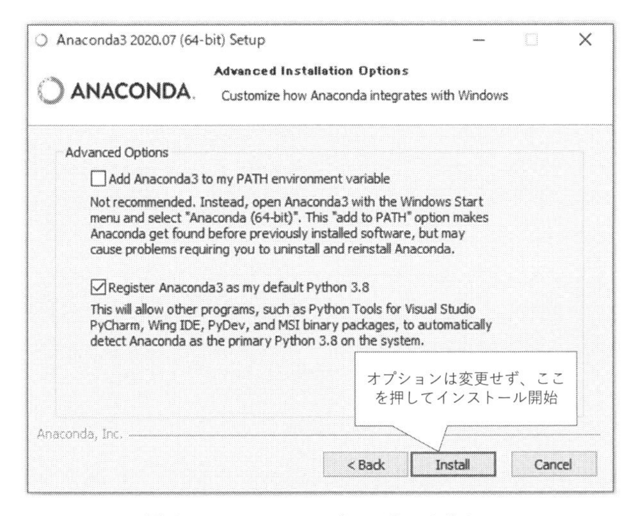

図 A.6　Anaconda のインストールその 5

インストールを開始してよい。

インストールが進み，図 A.7 のように Complete になったら，Next を押して進める。

さらに PyCharm などのインストールを行うか質問される (図 A.8) が，気に

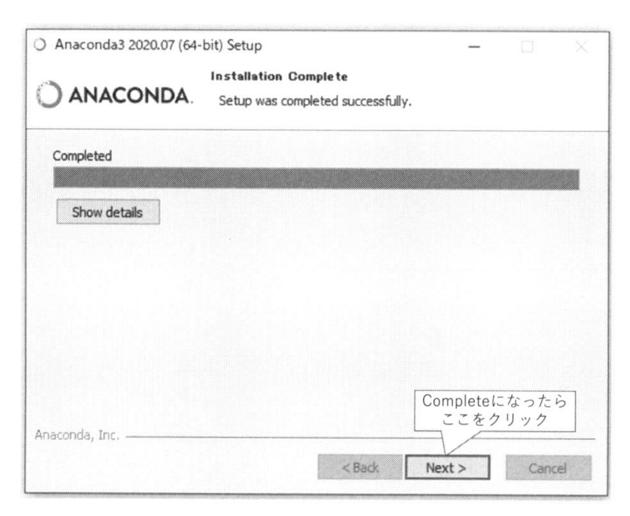

図 A.7 Anaconda のインストールその 6

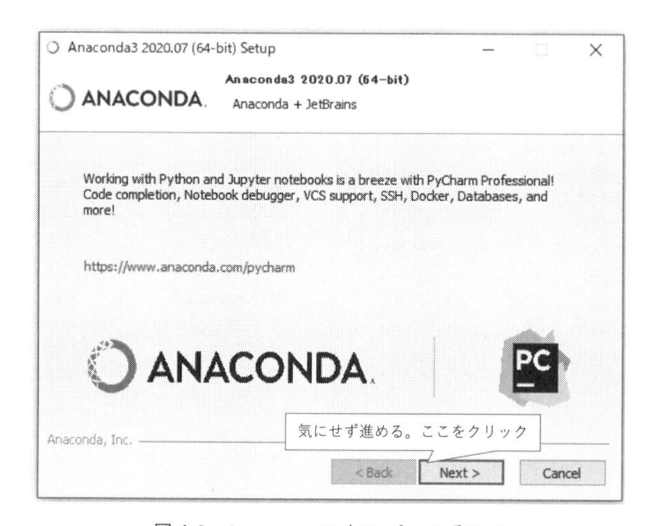

図 A.8 Anaconda のインストールその 7

せず Next を押して進める。

インストールが終了すると，Windows ボタンをクリックしたときに，図 A.9 のように，Anaconda3 というメニューが新規に表れる。その下の階層に，Anaconda Navigator や，Jupyter Notebook などが選択可能なメニューとして表

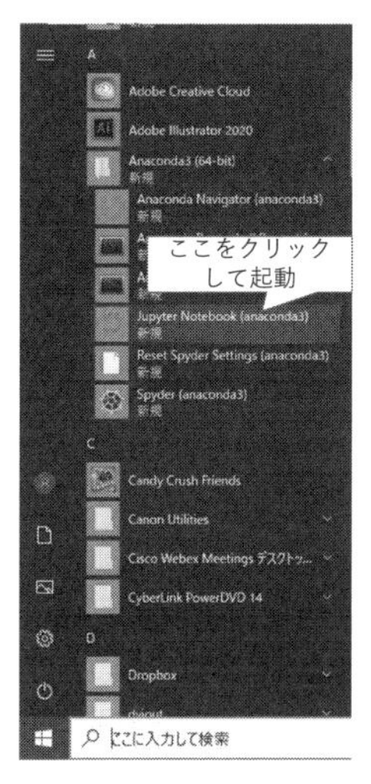

図 A.9　Anaconda のインストールその 8

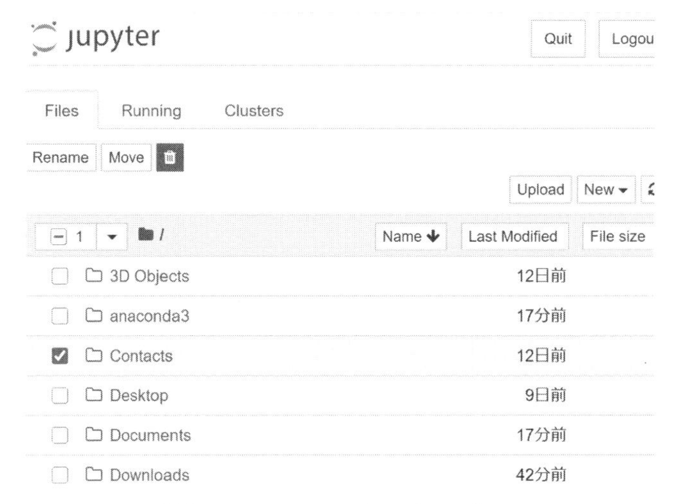

図 A.10　Anaconda のインストールその 9

示される。

たとえば，Jupyter Notebook を選択すると，ブラウザに図 A.10 のように，Python プログラムを選択したり実行したりすることが可能な環境が起動する。

Anaconda でインストールした Jupyter Notebook でのプログラミングやコードの実行の仕方については，さまざまなホームページで解説されており，コードを書き写して実行するだけの初心者から，ライブラリを追加してより専門的な目的のプログラムを組む上級者向けまでさまざまなものがあるので，読者に合った解説を参照していただきたい。

索　　引

欧　字

あ　行

な　行

は　行

ま　行

や　行

ら　行

編集者略歴

笹嶋宗彦（ささじま むねひこ）

1969年　福井県に生まれる
1997年　大阪大学大学院基礎工学研究科博士後期課程修了
現　在　兵庫県立大学大学院情報科学研究科/社会情報科学部准教授
　　　　博士（工学）

Pythonによるビジネスデータサイエンス1
データサイエンス入門　　定価はカバーに表示

2021年 4月 5日　初版第1刷
2024年 2月25日　　　第3刷

編集者　笹　嶋　宗　彦
発行者　朝　倉　誠　造
発行所　株式会社　朝　倉　書　店
東京都新宿区新小川町6-29
郵便番号　162-8707
電　話　03(3260)0141
FAX　03(3260)0180
https://www.asakura.co.jp

〈検印省略〉

中央印刷・渡辺製本

ISBN 978-4-254-12911-3　C 3341　Printed in Japan